種籽文化

種籽文化

做好主管必須突破的
56個管理盲點

管的太寬，只會把自己累到死

管理學者史蒂格曾說：
每一個總裁每天進辦公室做的第一件事，應該是確認秘書當天幫他排的事，有那幾件是自己不該管的。

不要管太寬

The Effective Manager

歐陽於——著

其實，一般管理者每天管的事，有將近九成是不需要管的小事，但很多管理者卻因為不放心部屬，或是為了刷**「存在感」**往往會犯了大事小事都要管的**「管太寬」**毛病，搞到最後只會讓自己累到死，就像前述的諸葛亮，身為一個CEO，卻連**「打二十板刑罰」**這種小事都要**「事必躬親」**親自裁示，才會在後來在五丈原**「過勞死」**一樣……

因此，如果不想讓自己跟諸葛亮一樣累死，就必須懂得**「充分授權」**，不要把時間花在不該管的小事上面……

目錄

第二章 不要管太寬：才不會讓自己累到死 ……43

第五章 不要管太寬：才會懂得「理才」比「管人」重要 …… 129

《作者序》

你要當「事必躬親」的「諸葛亮」？
還是「充分授權」的「雷根」？

管理學者史蒂格曾說：「每一個總裁每天進辦公室做的第一件事，應該是確認秘書當天幫他排的事，有哪幾件是自己不該管的。」其實，一般管理者每天管的事，有將近九成是不需要管的小事，但很多管理者卻因為不放心部屬，或是為了刷「存在感」，往往會犯了大事小事都要管的「管太寬」毛病，搞到最後只會讓自己累到死……

一般做主管的人，都曾經犯過的錯誤就是「事必躬親」，套句俗話來說就是：自己雖然不住海邊，卻喜歡「管太寬」，但喜歡「管太寬」的管理者往往不知道這種大事小事都要管的結果，到頭來只會讓自己越來越累，卻讓員工越來越懶……因為，員工會認為反正不管出了大事或小事，都有你這個主管出來幫他「擦屁股」，因此遇到任何問題，也就不會再去動腦筋思考解決的辦法。

哈佛大學有位學者曾說：「不把時間花在小事上，是美國前總統雷根成功的最大關鍵。」美國前總統雷根在一九八一年以七十歲的高齡當選美國總統，是美國歷史上年齡最大，入主白宮的主人，但是雷根在八年總統的任內，每天只工作八個小時，就能把「美國總統」這個全世界最多事、最繁忙的「總統」做的有聲有色的原因，完全在於他懂得充分授權，他的幕僚就曾經對媒體記者說，雷根只決定政策大方向，也就是他只管大事不管小事，是一個不會「管太寬」的領導者。

雷根自己也曾說過：「領導人的充分授權，並不是因為自己能力有限，而是要節省更多的精力和時間，來為擬訂的重大政策據理力爭。」

然而，三國時代的諸葛亮和美國前總統雷根，剛好是一個完全相反的管理者，我們可以在諸葛亮最後一次北伐，諸葛亮的使者告訴司馬懿，諸葛亮連「打二十板的刑罰」都要親自裁示的這段典故，可以得知諸葛亮是一個不放心授權給部屬，大事小事都「事必躬親」的管理者，而當司馬懿知道諸葛亮喜歡「管太寬」，又吃得少、睡得少，於是就跟幕僚說，可以準備「白包」了，因為諸葛亮應該活不了多久。果然沒有多久，積勞成疾的諸葛亮就在五丈原「過勞死」了。

管理學者史蒂格曾說：「每一個總裁每天進辦公室做的第一件事，應該是確認秘書當天幫他排的事，有哪幾件是自己不該管的。」其實，一般管理者每天管的事，有將近九成是不需要管的小事，但很多管理者卻因為不放心部屬，或是為了刷「存在感」，往往會犯了大事小事都要管的「管太寬」毛病，搞到最後只會讓自己累到死，就像前述的諸葛亮，身為一個CEO，卻連「打二十板刑罰」這種小事都要「事必躬親」親自裁示，才會在後來在五丈原「過勞死」一樣。因此，如果不想讓自己跟諸葛亮一樣累死，就必須懂得「充分授權」，不要把時間花在不該管的小事上面。

管理者要懂得充分授權，不要讓自己「管太寬」，其實，是一件知易行難的事，因為，很多主管並非不知道「充分授權」的道理，而是不相信部屬有解決問題的能力，因此在不信任部屬能力的情況下，就不敢放手讓部屬去做，最後只好「事必躬親」，大事小事都要親自拍板定案，才會睡得著覺。

《不要管太寬》這本書除了想告訴讀者，想當一個稱職的管理者，除了必須只管大事不要管小事，然後將節省下來的精力和時間，用在管理真正需要管的事，另外，必須瞭解不要讓自己「管太寬」，並不是縱容不管，或是一味地姑息，而是給下屬可以自由發揮的空間。

此外，本書還幫讀者整理出管理者必須突破的一些「管理盲點」，譬如「資深部屬再怎麼平庸，都比菜鳥部屬好用？」、「寧可用聽話的庸才，也不願用唱反調的人才？」，以及「加薪是留住員工的最好方法？」……等等，只要讀者能夠突破這些「管理盲點」，相信就能讓自己成為「充分授權」的「雷根」，而不是「事必躬身」的「諸葛亮」。

第一章

不要管太寬：員工才會主動朝著願景來努力

「管得少就是管得好」這個觀念，並不是說管理者全然不用管理，而是別陷入過度管理的泥淖，以開創一個遠景來管理，並確定員工都能朝著這個遠景來努力，但是，一般的管理者，並不贊同「管得越少越好」這種「無為管理」方式。

1、把頭痛的麻煩人物變成致勝的關鍵人物

#不要管太寬：就不會去干涉部屬對工作的想法和做法

一般的管理者都希望部屬可以依照自己訂定的SOP標準作業流程來執行工作，只要部屬違反了自己的SOP就大發雷霆，但是，一個優秀的管理者卻會去檢討自己所制定的SOP是不是有點管的太寬？

「優秀的人才是每家公司最重要的資產。」這句話是每個企業管理者都知道的道理，但能否真正落實這句話的涵義，就成為企業成敗的關鍵。

日本松下電器公司能有今日的發展，就是因為比別人懂得用人的緣故，有很多企業管理者都非常想知道松下到底有什麼秘訣，能讓眾多的優秀人才心甘情願地效力於他的麾下。

在松下創業之初，剛開始的七、八年間，由於給員工的薪資待遇算不上優渥，因此，別說奢求什麼人才，能招募到願意長期做下去的工人就算走運了。

當時松下電器有不少協作工廠，它們為松下電器製作模具，或承接電器產品的某些零配件，由龜田開的工廠就是其中一家協作工廠。

身兼工廠老闆和廠長的龜田是工匠出身，雖然做人很腳踏實地，但脾氣古怪，做底盤所需的模型，他要送到東京訂做，模具損壞了也要一個個送到東京修理。

松下對龜田說，大阪就有很不錯的模具行，幹嘛要捨近求遠，買一個新的，也比往返東京修理便宜，而龜田卻把松下的話當做耳邊風，還是堅持送到東京修理。

一九二三年，東京大地震那一年的年底，有個陌生的年輕人來到松下電器，他自我介紹說：「我是龜田工廠的工人，來借用你們的車床，請多關照！」

松下看了他操作車床，覺得他技術已相當嫻熟，於是就向他勉勵說：「你這麼年輕，技術還挺不錯的，好好為龜田老闆效力吧！」

管理便利貼

一些企業的老闆，對事情稍不順心，輕則大發雷霆，重則揚言要解聘員工，久而久之，讓人才沒有安全感，因而許多人才選擇另謀高就，也就是情理之中的事了。

而以上所述的那個年輕人，就是後來長期擔任松下電器副總裁的中尾哲二郎，中尾以自己的親身經歷為實例，介紹松下的人才觀：「我從二十三歲起，就受到了松下電器的照顧，當時我根本沒想過要進松下工作，但因為情勢所迫，必須盡快找到工作，在報紙上看到松下電器公司徵人的廣告，就急忙跑去應徵，這才知道是與松下協作的工廠要徵人，這家工廠是為松下電器做一些簡單的配件，雖然這對我來說非常容易，但並不適合喜歡做複雜工作的我；再加上我會做模具，覺得自己很了不起，久而久之，就毫無顧忌地提出各種意見，當然就免不了與工廠老闆發生激烈碰撞，最後把工廠老闆龜田惹火了，揚言要把我辭退，這就成為我進入松下電器公司的契機。」

人與人之間，真的有一種不可思議的緣分，工廠老闆龜田揚言要辭退中尾之後，來到松下的辦公室，就對松下抱怨說：「董事長，現在的年輕人真的不好教……」

松下問說：「怎麼了？哪個員工又惹你不高興了？」

龜田說：「還會有誰，就是那個中尾啊！」

松下說：「中尾？他怎麼啦？」

龜田說：「他一點也不聽我的話，只要我說要怎麼做，他就偏偏不那麼做，真是一個頭痛的麻煩人物！」於是，松下說：「你既然這麼頭痛中尾，就讓他到我的修理工廠來工作。」

龜田生一聽，喜形於色：「您真的要他？那真是太好了，我正為如何甩掉這個包袱而煩惱呢！」

就這樣，中尾哲二郎進入松下電器公司，而且在松下完全授權的情況下，在松下電器做到副總裁。然而，從中尾的這個案例可以知道，只要懂得用員工的長處，就可以把別人眼中的「頭痛人物」變成讓公司向上提升的「關鍵人物」。

#管理盲點1：部屬的想法都是不成熟的想法？

有了人才而不會利用，這無疑是企業的一大悲哀，有些老闆總是希望部屬能按照自己的指示去做，總是認為部屬的想法都是一些不成熟的想法。

2、管理層級越簡單，為何越有效率

#不要管太寬：才會瞭解管理層級太多，只會讓企業牛步化

如果你希望成為一個表現優異的企業管理者，就必須在「不要管太寬」的原則之下，去努力審視所有管理層級的功能是否重疊，然後，考慮如何改進與第一線基層員工之間的溝通，來決定裁掉哪些不必要的管理層級，這才是明智的決策。

減少「管理層級」意味著必須裁撤一些中、高階層的職位，而這些被裁撤的中、高階層的主管，就會成為推動減少「管理層級」這項工作最大的阻力。因此，減少「管理層級」可能比其他管理工作需要更多的勇氣。通用電氣第八任執行長傑克·威爾許認為，通用電氣公司成長壯大成為如此宏偉的規模，所跨行業如此廣泛，幾乎每個人都可算是某種經理。在通用電氣公司的四十萬名員工中，有兩萬五千名具有「經理」這個頭銜。這些經理中有五百名是高階經理，一百三十名是副總裁，或者處於更高的地位。在「管理」方面，這幫中、高階管理人員除了審查下級的活動之外，幾乎什麼「正事」也不做。

通用電氣按部門畫分組織，每個部門管理者都是一個高級副總裁。威爾許認識到部門管理者並沒有任何實權；他們不過是像漏斗一樣傳遞資訊。部門管理者與威爾許的一次開會，需要花上三天時間準備，但當他們開會時，很快又會顯示出他們並不很瞭解實際情況，於是，不得不再花上更多時間去尋找有關問題的答案。

因此，傑克．威爾許上任執行長開始，就對這種沒有效率的「管理等級」亂象，實行了大刀闊斧的改革，他廢除了通用電氣原本的管理體系，摒棄了他自己和分支機構首席執行長之間的等級差別，十年之後，從董事長到工作現場管理者之間，管理級別的數目從九個減少到四至六個。

管理便利貼

大公司不少幕僚人員平時的工作似乎與許多業務都有些關聯，他們看起來很重要，也分享業務的績效，但事實上，如果沒有他們，那些業務一樣會運轉得很好。

在威爾許開始他的變革之前，通用電氣管理者的基本任務是監督他們下屬的表現，但是，這種控制式的管理方式，使得管理者不能迅速發現問題所在。

因此，威爾許認為，取消那些層級，公司可以變得更為精幹和靈活，透過減少管理層次，充分向下授權，使決策盡量由最瞭解有關情況的管理人員做出。

通用電氣公司在實行「公司→產業集團→工廠」的經營管理模式之後，砍掉一些中間層次和繁雜的橫向聯繫的管理環節，從而形成了「決策→經營→生產」這樣層次分明的管理體系，使整個公司的指揮和運轉系統，靈活自如。

但是，通用電氣的資深主管擔心，減少管理層級會破壞通用電氣公司原來的那種指揮和控制系統，面對這個質疑，威爾許滿懷信心地認為：「我所做的不會危及公司的指揮及控制系統，因為，我們消除的是組織間不必要的管理關係，但仍保持原來必要的控制程式，而且，在壓縮層次錯綜複雜的組織結構過程中，強制性地要求公司的任何地方，從一線工人到總裁本人之間不得超過五個層次，也就是公司總裁、十三位事業總裁、各職能總經理、各地區區域經理，以及一線工人五個管理層級，從而在很大程度上，消除了官僚主義及其各種弊端，提高了管理工作效率。」

#管理盲點2：管理層級越多，越容易做好管理？

一般企業管理者都會認為管理層級越多，代表越多人負責管理，因此，越容易做好管理的工作，其實不然，因為，如果一件第一線基層人員發生的問題，從下到上，要經過十幾個管理人員，那麼只會拖住企業前進的腳步。

3、決定最後成敗的不是目標而是行動

#不要管太寬：只要做好，有沒有落實執行計畫的管制

管理者要達到最後的目的，除了不能光說不練之外，也不能「管太寬」，因為，任何計畫若不能化為實實在在的工作，就算管的再寬，這些計畫也都只不過是一種空的想法。

希爾頓在正式成為飯店大王之前，經營的毛比來旅館小有成就，之後隨著羽翼逐漸豐滿，內心深處那個建立一幢高聳入雲，金字招牌上面寫著「希爾頓」大飯店的宏偉夢想在逐漸復甦。

希爾頓經過慎重考慮，看中了聚集不少發了石油財富翁的達拉斯，然而，在當時達拉斯這個新興大城市所在的黃金地段，卻沒有一家像樣的大飯店，希爾頓決定要抓住這個大好時機，來將他的夢想變成現實。

當時希爾頓想要將自己的大飯店夢想，化為行動的最大難題就是錢，他要完成這次行動需要一百萬美元的資金，但他當時僅有近十萬美元，還不足的九十萬美元，該怎麼籌措呢？即使向親朋好友借錢，也大概能借到二十至三十萬美元，找合夥人吧，又違背了自己想要真正擁有一家飯店的心願；找銀行貸款吧，又沒有足夠的財產可以做抵押……希爾頓絞盡腦汁，思來想去，最後想出一個大膽的方法，這個方法就是將準備蓋飯店的那塊地租下來，然後，再拿那塊地作抵押來向銀行貸款。

由於，希爾頓怕那塊地皮的地主不答應這個條件，因此，在事前做了周密的準備，他先帶了一份厚禮先去拜訪地主最信任的一位法律顧問，一來先摸清地主的脾氣和為人，二來向這位法律顧問討教了一些如何說服地主的技巧，並請法律顧問在地主面前幫他多說一些自己講信用、善於經營飯店等方面的好話。

管理便利貼

對目標擁有夢想固然可貴，但真正要實現夢想還是在於行動，而要使行動行之有效，必須要擁有切實可行的有效方法。

希爾頓拜訪完法律顧問的一個禮拜後，就滿懷信心地去與地皮的主人作商談，他首先稱讚了地主經營有方，贏得了對方的好感，然後，又詳盡地闡述了準備在這裡建造一間豪華飯店的美好願景，取得了對方的共鳴，隨後希爾頓便向地主說明了自己的來意：「我想買您的地產，為的便是蓋一座這樣的大飯店。」

地主頷首微笑地說：「這很好啊！因為，我對你已有足夠的瞭解，知道你在飯店經營方面很具有才能，說真的，我非常期待……」

「謝謝您對我這麼看重，可是我現在是心有餘而力不足啊……」希爾頓隨即擺出自己在財力方面的難處，隨即話鋒一轉地說：「所以我不想買您的地，只想把它租下來，租期九十九年，採取每年付一次租金的分期付款方式。」

希爾頓看得出地主面露難色，急忙又說：「您可以保留土地所有權，假如我不能按期付款，您可以收回土地，並可同時收回飯店。」

只見地主閉目沉思一陣子，漸漸地，眉頭舒展開來，向希爾頓回說：「好吧，不過我要先和律師商量一下。」

地主跟律師商談一會，便向希爾頓提出每年三萬一千美元的租金要求。

希爾頓爽快地答應了，但卻趁機拋出了此行的真正用意：「我希望能擁有以地產做抵押來貸款的權利。」

地主顯然被激怒了，但很快平靜下來，經過慎重考慮，地主笑容可掬地跟希爾頓握手，並說：「好吧，我接受你的條件，祝你好運，我的朋友！」

希爾頓有了土地的使用權，銀行的貸款很快就通過，飯店在一九二四年破土動工，一九二五年達拉斯希爾頓大飯店正式落成，經營的第一年利潤就高達八十萬美元……希爾頓終於完成他的夢想。

希爾頓靠著精明的頭腦、敏銳的眼光，以及卓越的管理能力，從經營一個名不見經傳的小旅館起步，在短短幾十年裏，如滾雪球般急速斂聚財富，逐步建立了傲視群雄、跨國性的國際飯店集團，憑藉著就是落實計畫的執行力。因為，事實上決定成功的不是目標，而是是否採取行動。

#管理盲點3：要做好計畫，才去開始執行？

計畫之所以能產生效果，主要在於是否能有人分別推進，計畫的成功與失敗，全在於此。

倘若管理階層沒有切實地去推行，任何計畫均將只是「紙上談兵」，不能稱之為計畫。

4、管得越少，為什麼效果會越好

#不要管太寬：只要去管可以提升公司競爭力和執行力的事

「管得少就是管得好」這個觀念，並不是說管理者全然不用管理，而是別陷入過度管理的泥淖，以開創一個遠景來管理，並確定員工都能朝著這個遠景來努力，但是，一般的管理者，並不贊同「管得越少越好」這種「無為管理」方式。

管理過度必然使各項工作變得遲緩，因此，「管得少就會管得好」就為企業的領導人在管理方法帶來全新的視野，更為大企業的管理，奠下全新的典範，通用電器第八任執行長傑克．威爾許可以稱得上是奉行「管理越少，公司越好」的觀念第一人。

傑克．威爾許曾經自豪地說：「我經常到事業所在地去聽取主管的簡單彙報，瞭解他們的想法和做法。我們也定期召開企業決策者會議，各事業的管理者會到通用總部來進行為期兩天的會議，大部分有關各事業的原則性決策，就是在上述情況下做出的……」

因此，對傑克．威爾許來說，經營一個成功企業的秘訣在於確信企業所有的關鍵決策者瞭解所有同樣關鍵的實際情況，如果他們充分瞭解那樣的情況，就會在如何解決業務問題上達成大約一致的結論。

特別值得提出的是，傑克．威爾許為了鼓勵員工具備承擔風險的勇氣，推出「獎勵失敗」的制度，他這樣做，顯然是想讓一切具有創業精神，但因遭受挫折而感到沮喪的員工都知道，他們允許有堅持不懈的努力和創業的自由，也就是允許有做錯事情和遭受失敗的自由。透過這類方式，通用電氣公司內各產業集團中形成了「開拓再開拓」的氛圍。傑克．威爾許要求每個下屬都清楚自己的價值，同時也注意透過他們創造出能實現這些價值的環境。

管理便利貼

傑克．威爾許說：「基本上，我並沒有親自去經營這十三個主要事業，我只是選擇最適當的人，讓他們去經營，而我有能力去察覺他們做得到底好不好？」

傑克．威爾許到底是用什麼方法瞭解部屬做得好不好呢？答案是問對正確的問題。因此，威爾許以為，擅長於簡化問題的企業主管，應該知道向屬下提出什麼樣的問題，另外，傑克．威爾許強調，管理不需要太複雜，因為經營事業，實際上非常簡單，我們已經選擇了世界上最簡單的職業，而多數全球性業務只有三至四個關鍵性競爭對手，你瞭解他們的情況。對於一項業務，你沒有太多事情可做，情況並不像要你在兩、三千個選項中進行選擇那麼複雜。

通用照明事業的執行長大衛完全能體會傑克．威爾許關於「管理」的觀點。他說：「管理，是比所有為你工作的人還多知道一點，但如果將這一點點東西緊緊的握在手中，將完全限制你的組織進步。我們每個人對完成自己的工作、實踐改革，都只有一定的能力，如果我們用了自己半數的力量來記憶這些細節，就會只剩下一點餘力去改變和進步。」

另外，大衛也發現，企業環境裏依然存在著太多的舊式管理方法，而且，通用內部也仍有許多舊式管理風格，因此，必須消除那些自覺比別人多一點的管理思想，如此一來，才能夠鼓勵員工為自己的新世界打拚，讓他們不再被自己事業周圍的界限所限制，而能跳脫出原來的框架，發揮更多積極主動的創新觀點。

#管理盲點4：只獎勵成功，不獎勵失敗？

傑克．威爾許為了鼓勵員工具備承擔風險的勇氣，推出「獎勵失敗，不只獎勵成功」的制度，他強調「我們必須讓員工明白，只要你的理由、方法都是正確的，那麼即便結果失敗，也值得鼓勵。」

5、把員工當成公司最重要的資產

#不要管太寬：只要提高員工素質，增強企業內部凝聚力

每一個員工都希望自己對公司來說是不可或缺的，一個優秀的管理者，就是要視你的員工為事業整體的一部分，這樣做你會發現，就算你沒有「管太寬」，員工也會以更投入，更認真的態度做為回應。

美國聯邦快遞公司從創業之初，就一直注重員工的所得、福利和歸屬感，與企業的發展緊密相連。員工對企業懷有深厚的感情與道義，因此，他們的潛力能夠發揮得淋漓盡致，老闆弗里德保持著不裁員的政策，也是激勵員工士氣，鼓舞員工激勵自愛精神的重要原因之一，尤其是在企業發展的初期，弗里德為了用贏來的錢給員工發薪資，曾冒著身敗名裂的危險到賭城拉斯維加斯去賭博，而弗里德這種處處以員工為重，也讓員工們養成那種以大局為重，不計較私利，與企業同甘共苦、榮辱與共的精神，這在美國企業中極為罕見。

老闆弗里德也將聯邦快遞公司的成功歸於他的企業哲學：「下屬→服務→利潤」，在聯邦快遞公司，人始終是公司中最重要的。弗里德關心下屬，他經常關心一些重要的問題。

譬如員工對餐廳的伙食滿意嗎？

如果不滿意，還應準備哪些食物？

洗手間夠嗎？那麼多人如何解決廁所問題？

在聯邦快遞成立之後，弗里德在他的任內，從來沒有解雇過一名工人，他把下屬當做公司成功的首要因素，因為，他認為人有七情六慾，而且又是形形色色，什麼樣的個性都有，要把這些個性不同、資質有別的人放在同樣速度的運輸帶旁邊，並要求他們工作效率一致，這是件十分複雜的工作。

因此，弗里德認為，除了要照顧好員工的生活外，更重要的是要不斷提高他們的素質，使所有的員工都能夠永遠保持創新的精神。

管理便利貼

一個投入、認真的員工，就是有動力、有生產力的員工，這是業務主管們都應知道的簡單事實。

弗里德身上那種認定一個目標，永不服輸，不惜付出任何代價的精神，深深吸引著聯邦快遞公司的每一個員工，公司員工稱弗里德是一個經常理解和關懷員工的「激勵大師」，聯邦快遞公司的一位部門主管說：「如果弗里德讓公司一萬多名雇員全體列隊站在大橋上，並說『跳』，他們中間有百分之九十九的人都會毫不猶豫的跳下去。」

在聯邦快遞公司，弗里德實行了「內部提升」制度，只要工作做得好，有能力的就可以從一般員工的職位，提拔到公司各層主管部門的位子上做主管。為了激發員工的潛力和向心力，聯邦快遞公司還推行了一套公平的入股分紅的辦法，以讓公司員工經過努力就可以得到公司的服務，參加公司的分紅。

因為，弗里德認為對下屬的工作，不僅僅只是關心他們的生活，還必須讓他們分得更多的利潤。

另外，弗里德提出把下屬做為企業哲學中最重要的因素之後，說明了這種管理思想的理由，他反覆對公司員工強調，聯邦快遞在生死存亡的危急時刻，就是靠上下一心、同舟共濟的精神度過的。

因此，全體員工無論職位高低，彼此感情十分密切，這是任何一家公司所沒有的現象，也是很多公司所積極追求的理想境界。

#管理盲點5：嚴格要求員工，才能創造良好的工作效率？

嚴格要求員工，不一定能創造良好工作效率，因為，實際狀況是只要照顧好員工的生活，自然會有良好的服務和工作效率，有了良好的服務和工作效率，才能有無限強大的後繼爆發能力，也才能得到賴以生存的利潤。

6、用溝通來找出員工問題的關鍵

#不要管太寬：遇到問題的時候，用溝通來代替管理

一般企業的管理者面對員工在執行專案遇到問題時，往往都會嚴格地依照公司的規定來處理，但是，這種「管太寬」的處理方式，並無法讓員工徹底地修訂在執行專案所犯的錯誤，如果想讓員工徹底修訂錯誤，應該學習英特爾的葛洛夫，在員工執行專案發生問題時，用溝通來代替管理，如此才不會讓自己陷入「管太寬」的盲點。

英特爾首位營運長的安德魯．史蒂芬．葛洛夫參與創建英特爾公司的過程中，始終強調公司的各事業管理者要充分地向下授權，而且，盡量讓最瞭解工作的第一線下屬去做決策。另一方面，他又致力於各種創新的管理方式來改進內部的溝通過程。

當媒體記者問他如何管理英特爾這家大公司時，葛洛夫強調說：「我的工作是發現偉大的觀念，然後，將這個偉大觀念昇華成一般人可以接受的觀點，並拚命地讓這些昇華之後的偉大觀

念，以光速的速度傳播到整個企業之中。」

在某種意義上，葛洛夫的這種思想，確實已付諸實施，並透過高階主管的某些會議制度化了，這些會議扮演著在組織內部交流好的創意和想法的功能。

英特爾公司的目標始定於一年之初，企業管理者根據當今的競爭形勢、經濟狀況，以及其他所有外部環境的變化，開始針對利潤收入，流動現金和市場配額等問題制定發展目標。

由於英特爾公司的管理階層已經經過長期的合作，彼此相互信任和具備良好的默契，因此，在制定公司年度發展目標的過程，部門與部門之間溝通無礙，而這是每家公司在制定發展目標時，必不可少的因素。

為了加強各部門之間的橫向聯繫和協調，避免工作脫節或相互推諉，英特爾公司建立了一些聯席會會議制度，即有關部門負責人定期開會，討論某些特定問題。而且，公司高層鼓勵出席聯席會的部屬思考一些創新方法來提高競爭能力。

管理便利貼

企業內部的重大的失敗，即真正留下嚴重後果的失敗，通常都是那種容許放任專案自生自滅，多年不加以認真指導，以及不相互溝通去找出問題癥結所造成的，然而，在內部溝通流暢的公司，這種因為專案導致重大失敗的無妄之災，極為罕見。

值得一提的是葛洛夫在英特爾內部倡導，在討論問題時也可競爭，唯一的限制是發言者對自己觀點的自信程度不能超過自己觀點的準確度，否則，就很容易讓這場討論變成「強辭奪理」。

葛洛夫在英特爾內部提倡的這些定期交流的溝通討論會議，使英特爾公司的高階管理者得以彼此建立起一種和諧的關係，從而成為協調各企業集團經營的基礎，因此，對於英特爾公司永續經營的重要性，不言可喻。

葛洛夫說：「我一有空就參加這種討論會，聽取他們的建議，然後，對他們的建議逐一加以研究，並就一些有建設性的建議採取行動。」由於，葛洛夫動員公司上上下下的人都來獻計獻策，從而為公司的發展，提供了強而有力的集體智慧，因而，讓英特爾公司在執行一些創新的專案中，避掉了很多不應該發生的失敗。「失敗」在創造性的摸索中是在所難免的，但畢竟是一種損失和代價，然而，減少這種失敗打擊的有效辦法是暢通的交流和資訊的溝通，而這也就是葛洛夫為何會在英特爾內部提倡定期交流溝通討論會議的原因。

#管理盲點6：公司的重要決策必須由高階管理者來制定？

一般企業管理者大多會認為公司的重要決策必須由高階管理者來制定，但是，英特爾首位營運長安德魯．史蒂芬．葛洛夫卻認為公司重要專案的決策，最好由第一線員工來參與制定，因為，只有第一線執行專案的員工才知道在執行專案的時候會遇到什麼問題？

7、「一加一」不一定大於二的「管理數學」

#不要管太寬：就能讓員工發揮他們原本就有的潛能

如果將幾個人的工作能力合在一起，因為彼此沒有默契，以致於讓彼此的能力互相分散和抵消，那麼這幾個人加起來的力量非但不會變大，反而會變得更小，然而，面對這個問題，並不需要從加強他們合作默契的「過度管理」來著手，只要重新將員工擺在適合他們的位子。

企業管理者的首要任務，就是要把那些具有才智和能力的員工組織好、協調好，以期能夠發揮「一加一大於二」的效果。

某個企業集團旗下有一家剛落成的面板廠，是由總公司三位擁有卓越管理能力的高階主管分別擔任這個廠的廠長、副廠長和執行長的職位，當這三位高階主管上任之前，公司的其他主管心想，這家工廠在這三個優秀主管組成管理團隊的帶領之下，業績一定會一飛沖天，然而，事實卻出人意料，這家工廠不僅沒有幫企業賺大錢，反而虧損嚴重，這種讓人匪夷所思的結果，令人無法理解。

企業集團總部馬上召開緊急會議，檢討並研究因應這家工廠嚴重虧損情況的對策，最後做出決定，將這家工廠的副廠長調到另外一家工廠擔任廠長。

有些人看到企業總部做出這個人事調整的因應，便推測這家嚴重虧損的工廠，再經過這次人事變動的打擊，很可能會關門倒閉。

可是，事實卻再一次出乎大家的意料之外，這家工廠在留下來的廠長和執行長兩人的齊心協力下，竟然發揮出最大的能力，在短短的幾個月內，使生產和銷售總額都達到原來的兩倍，不但彌補了去年的虧損，而且，還創造出相當高額的利潤。

而那位副廠長被調到別家工廠擔任廠長後，也同樣充分發揮他的經營管理方面的才能，創造出很好的業績，這些情況傳到企業總部後，企業的CEO覺得這個案例很有趣、很值得研究……也就是原本都屬於第一流經營管理的三個人才，為什麼搭配在一起，就會慘遭失敗？而把其中一個人調開，分成兩個單位後，為什麼又都能獲得成功？其奧妙在何處呢？

「我覺得關鍵應該是出在人事協調上……」企業的CEO說：「因為，人們總是習慣說『三個臭皮匠，勝過一個諸葛亮』，以為只要人多就好辦事，以為一個人的智慧總不如多數人的智慧。當然，一般來說，的確是如此，但在某些特殊的環境下，也並非如此……換句話說，過去之所以失敗，是由於三個人的個性和作風無法相互配合。」

企業的CEO喝了口水，最後做了結論：「在有些情況下，人多反而會誤事，倒不如讓一個人埋頭苦幹，踏實地去做出一番成績！」

管理便利貼

一加一等於二，這是人盡皆知的簡單數學邏輯，可是用在人與人的組合、或是管理上，如果組織得恰當，一加一可能大於二，可是如果調配得不當，有可能一加一等於零，甚至等於負數。

在許多企業的管理案例中，確實印證了上述故事中那位企業的CEO最後所做的結論，那就是：「一個和尚挑水喝，兩個和尚抬水喝，三個和尚沒水喝。」也就是一個人的時候，就算「挑水」的工作再如何累人，終究還是要靠自己，等到兩個人的時候，就會開始得過且過，心想自己在「抬水」的時候，少出點力也沒關係，反正還有對方抬著，而一旦有三個人，那就會開始相互推諉，誰也不想出力去「抬水」。

然而，上述的「三個主管管理工廠」的故事，還有另外一層涵義，那就是把人擺在對的位子，就可以讓這個人發揮他原本的工作能力，就像前述故事中將副廠長調到別家工廠擔任廠長後，這個副廠長終於發揮他原本的管理能力，在這家工廠做出一番亮眼的成績。

#管理盲點7：將能力強的員工擺在一起，就可以發揮相乘效果？

每個人都有自己獨特的智慧才能、方法和個性，如果各自特點不一致，個性合不來，往往就會產生衝突和互相抵消。

第二章

不要管太寬：才不會讓自己累到死

如何有效管理眾多部門和員工，並使他們擁有極高的工作效率？答案應該是事事過問？還是下放權力？事實證明，如果主管採取「事事過問」的「管太寬」方法，只會拖住公司前進的腳步，但如果主管懂得「下放權力」，就能讓公司掌握先機，贏在起跑點上面。

8、打造讓員工「暢所欲言」的工作環境

#不要管太寬：就不會阻止員工「天馬行空」的想法

一個優秀的管理者，往往不會「管太寬」，而是會讓每個員工都可以自由自在、公開、誠實表達自己的觀點，不論這個觀點看起來多麼離譜，因為，他們知道許多偉大的想法，在第一次提出時，幾乎都被冷嘲熱諷。

在二十世紀主宰美國影印機市場的施樂公司，倡導團隊合作的一條重要原則是鼓勵員工之間互管「閒事」，對同僚業務方面的困難，不但不能等閒視之，而且，應予以全力支持，為此，施樂經常指派銷售業績良好的人去幫助在銷售指標線上苦苦掙扎的人，因為，施樂公司的管理者認為合作精神不是自然發生的，「管閒事」正是製造合作的機會。

施樂公司非常強調經驗的互相交流與分享，比如一位叫麗莎的業務員有一天在閱讀報紙時，看到一篇文章讚揚了她責任區內的一家製鞋廠，於是，她靈機一動就將這篇文章影印下來寄給這

家製鞋廠老闆，在恭喜他的同時，特別指出這份報導的影印本是用「施樂牌影印機」影印的，並附上關於機器的資料。

結果製鞋廠老闆指名向她購買了「施樂牌影印機」，麗莎這個富有創意的做法，得到施樂公司高層的讚美和大力推廣，從此，寄「剪報影印本」給潛在客戶，成為施樂公司業務員的一種普遍方法。

另外，施樂公司下屬的帕洛奧圖研究中心，號稱匯集了全美最優秀的電腦人才，該中心雖然在網羅人才上不厭其多，但挑選應徵者時，卻堅決把性格驕傲的人拒於門外，該中心電腦科學實驗室總管泰勒說：「驕傲的人往往對一個團隊具有破壞力，所以哪怕是天才，我們也不敢接受，我們需要的是能夠強化彼此成就的人，在施樂合作重於一切。」

管理便利貼

一個高績效的成功團隊可以使每個成員的才能發揮到極限，而成功團隊的管理者，經常提供所有成員雙向溝通的舞臺。

一九〇六年創建的施樂公司，產品包括所有檔案處理和系統的設計、開發、製造、銷售和服務，其產品銷往全球一百三十多個國家。一九九一年，公司的銷售額近一百八十億美元，利潤近五億美元，在全球五百家最大的公司中，排名第六十六位。

然而，施樂公司之所以可以在二十世紀成為美國影印機的領導品牌，主要是因為七〇年代中期，施樂公司的經營陷入困境，一九八〇年開始，施樂公司新總裁大衛．柯思斯使出「塑造團隊精神」的法寶來改造公司，至一九八九年終於轉虧為盈，並開始「重霸天下」，市場佔有率恢復到全盛時期的百分之八十，並在全世界一百四十餘個國家和地區建立施樂分公司。由於，施樂公司的團隊合作卓有成效，因此，一九九四年，施樂公司地區經理法蘭克將施樂團隊致勝的故事寫了一本名為《搶團打天下》的書，該書一出版便成為當時讀者搶購的暢銷書，而書中的「獨行俠難成大事，勝利來自團隊」一語，更成為美國企業家的口頭禪。

值得一提的是，施樂公司的團隊合作政策並不排除競爭，但強調競爭必須不傷和氣，而且要講究創意，例如：克利夫蘭銷售區各小組之間發展的競爭就顯得溫和而幽默，也就是每個月月底，累計營業額最低的小組將得到一個模樣滑稽、會自行旋轉地醜臉玩具娃娃當成「獎品」，而在以後的三十天內，這個玩具娃娃必須放在辦公桌上「展示」給大家看，直到有新的「優勝者」將它「奪走」為止。

各小組將玩具娃娃稱為「絕望者」，自然誰也不想得到這樣的「獎品」，為此大家你追我趕，唯恐因墊底讓這個玩具娃娃跑到自己的桌上。

另外，施樂的工作會議也是別具一格，參加者可以天馬行空地自由發言，並允許發牢騷談顧慮，把會議開得像菜市場一樣熱鬧，而正是這種聊天似的「腦力激盪」會議，觸動著每個人的靈感，使得施樂員工經常思路大開。

#管理盲點8：認為每個人只要做好自己份內工作就可以？

施樂公司有三句專為「管閒事」精神所設計的口號：

一、把每個人之間的牆推倒。

二、讓互相幫助成為一件悠然自得的事情。

三、合作從管「閒事」開始。

9、讓員工努力的目標，是一開始達不到的目標

#不要管太寬：才能把心力擺在打造企業的目標和願景

企業的目標，應從「企業是個什麼企業、將是個什麼企業和應該是個什麼企業」推演出來，而且，一個懂得「不要管太寬」的管理者知道企業目標應該是一種「行動的承諾」，藉以達成企業的使命，以及應該是一種「標準」，藉以考核企業的績效。

「所謂目標，應該是企業的『基本策略』。」對於重大事務，都應該先訂出一個目標，目標決定後，就放手執行，經營者盡量減少干擾，如此，才能充分地發揮出員工的能力，以提升公司的競爭力。

日本松下電器創辦人松下表示，一位稱職的管理者，除了必須站在部屬背後，推動大家前進，更重要的是必須明確地設定經營的方向與目標，而這個「目標」就是企業的經營理念和使命，但這個「目標」也必須依照當時情況來訂定。

松下所採取的做法是每年的年初召開一次經營目標研討會，把預定的經營目標公布來出，例如，在一九五七年，他制定了一個「五年計畫」，預定到一九六一年，把公司的營業額從一九五六年的二百億日元，增加到八百億日元，那時公司有些員工聽了這個計畫後，都議論紛紛地說：「這根本是天方夜譚，二百億日元的目標，都費了好大的勁才勉強達到，一下子想翻四倍跳到八百億日元，怎麼可能？」

但大部分員工都贊同松下的決心，願意共同努力，朝著這個目標邁進，幸運的是，那幾年經濟景氣復甦，一般家庭正處在家電汰換的高峰時期，所以松下定下的八百億日元的五年目標不僅只花四年時間就達到，而且到了一九六一年，總營業額突破一千億日元。

松下常常對部屬說：「有些事情不只是該做的，也是大家努力的目標，我只是把目標訂出來，其餘的就靠大家共同來完成。」

因此，到了一九六七年，松下又宣告：「為了讓員工的收入超過歐洲各國，因此，他打算在五年之間，將公司員工的薪水調升到現在的兩倍。」

為了達成這個目標，公司必須冒很大的風險，因為，可能由於薪水調整得過快，影響到產品的成本結構，而與國際市場失去平衡和協調……結果，由於公司與員工的共同努力，這個將員工薪資調升兩倍的目標在五年內順利達成。

管理便利貼

企業的意義、宗旨及使命，必須進一步轉化為企業的目標，否則的話，縱然具有正確的認識，必仍將只是一套構思、一套美麗的標語，永遠不能實現。

美國著名的短跑運動員卡爾・路易斯，曾經多次打破一百公尺和兩百公尺短跑世界紀錄，最讓人津津樂道的是在他三十多歲「高齡」時，他還在世界一百公尺大賽上打破世界紀錄並獲得冠軍。

有些媒體記者問他：「可以告訴我們，你致勝的關鍵秘訣嗎？」

「其實很簡單，設定一個目標，然後切實地去實行，最後超越它。」卡爾說。

沒有目標就會迷失方向，管理者應該經常思索「企業本身是個什麼企業、和應該是什麼企業？」然後，依照思索的結果，設定目標。

首先，企業的目標，應該足以成為一切資源與努力之所以集中的重心；應該能從諸多項目之中，找出重心所在，以做為企業機構的人力和資金運用的依據，因此，企業目標應該是「擇要性」，而非包羅萬象，涵蓋一切。另外，企業的目標必須是「作業性」的；應該可以轉化為特定的目的及特定的工作配置；而且，是足以成為工作及成就的基礎。

最後，企業機構不僅只有一個「單項目標」，而是擁有「多重目標」，這點特別重要，許多有關所謂「目標管理」的討論，往往認為企業應制訂「一項」正確的目標，這種看法，不但不切實際，而且，還將造成「禍害」，讓人誤入歧途。

換句話說，企業的管理，應該是求取多重需要和多重目的的平衡。因此，企業目標也必是多重性的目標。

#管理盲點9：認為企業只要制訂「一項」正確目標？

雖說有關企業生存的事項，均須設定一項目標，但是，各項特定目標的內涵，每個企業各不相同，端視企業的策略而異，而且，目標雖不相同，但必須設定目標的原則是一樣的，因為這是企業賴以生存的因素。

10、「以身作則」是一種「無言的管理」

做為一個企業的管理者，並不是只把工作分配給部屬，然後嚴格督導部屬去執行就可以了，而是不要管太寬，並且帶頭去身體力行，如此一來，困難的工作才可能克服，公司的目標也才能實現。

#不要管太寬：只要帶頭去身體力行

日本三洋電機公司的創辦人井植薰，有次接受媒體訪問，記者向他問說：「三洋公司發展得這麼快，是依靠什麼來經營企業的呢？」

「當然是人，以人為本，人不能長生不老，有一天總會老死，而在此之前還有退休等問題。因此，公司要永續經營就必須培養後繼者，而這些『後繼者』不是在理想實驗室環境的『真空』條件下造出來的，而是要靠經營者的自我要求，長期以來薰陶培養出來的。」井植薰答道。

「您現在年齡已高，還以身作則、是不是太累？」記者想在結束訪問之前，勸告井植薰這位工作狂。

「再累也要堅持，任何事業要成功，重在堅持不懈，千里之堤，毀於蟻穴，馬虎不得，一個管理者如果不能以身作則，對部下就不可能有號召力和感染作用，就像父母教導孩子一樣，孩子更注重父母的一言一行，如果做父母的人，放鬆對自己的要求，孩子也會有樣學樣。」

井植薰說：「我做為三洋公司的董事長、總經理，就是三洋公司的大家長，在全國各地就有七萬雙眼睛常盯著我，注視我的行為，就算再怎累，我也得謹言慎行，不能有半點失誤……」

管理便利貼

如果主管用便宜行事的錯誤方法去執行工作的話，部屬也就會依樣畫葫蘆地使用錯誤的方法去執行工作，換言之，主管如果不懂得「以身作則」就會導致「反教育」的結果。

小寶放學回家，做完了功課，準備和同學到公園打籃球，可是他找遍了整個房間也沒有找到籃球，於是，他氣呼呼地問正在客廳陽台抽煙的爸爸：「爸爸，你看到我的籃球了嗎？」

「沒有。」爸爸答道。

「你快來幫我找一找啊，別只會在那裡抽煙。」小寶不滿地說道。

爸爸不耐煩地說：「你自己都不知道把籃球放哪裡了，我怎麼會知道呢？」

「你每次抽煙找不到煙灰缸時，還不都是叫我幫你找，現在怎麼好意思說我呢……」小寶反駁說道。

「你這個小子……」爸爸無言以對。

所謂的「上行下效」，做爸爸的都可以隨時忘記煙灰缸放哪裡，做兒子當然也可以學爸爸忘記籃球放在哪裡……

做為一個優秀的企業管理者，最重要的是要懂得「以身作則」，教導部屬不光是用嘴巴說說而已，必須以身作則才行，因為，部屬對工作的態度和處理方式，多半是從上司的一言一行中學習來的。

有一次，日本三洋電機公司創辦人井植薰在主管會議，向所有與會的主管說：「大家都知道『上行下效』的道理，也就是前面有榜樣，後面就有追隨者，如果員工效仿主管怠惰，時日一久就會造成公司上下的懈怠風氣，它足以使一個前景美好的公司面臨痛苦的深淵，甚至毀滅了它，危害之嚴重，令人不得不引以為戒。」

「上司用正確的方法和態度工作，就是給部屬最好的教育。」長久以來，井植薰一直努力在員工面前做一個好榜樣，一九六九年，他接替董事長，但他仍然跟之前當總經理的時候一樣，總是努力要求自己，絕不對別人求全責備，絕不對人對己實行雙重標準。他總是嚴格遵守公司規則，並要求其他董事也來遵守，從不縱容自己越軌，對於那些不能遵守規定的董事，也從不留情面。

#管理盲點10：總會在部屬的面前「說一套、做一套」

在職場，經常會有主管帶頭破壞了公司的規定，例如，主管把新進員工集合起來，教導正確的工作方法，可是新進員工到了實際工作場所，通常會看到主管沒有按照規定做事，而新進員工也就依樣畫葫蘆地跟著做，因此，身為主管的人想要管理教育部屬，自己就應該確實地按照公司規定來辦事，並且用正確的態度來工作才行。

11、別把過去「成功模式」當成現在的致勝方法

有時候，過去獲得成功的「管理模式」也會繼而導致失敗，「過去的成功」使管理者易於對存在的威脅視而不見，甚至可能會使管理者作繭自縛。一個懂得不要「管太寬」的管理者面對過去「成功模式」無法在現在獲得成功時，並不會一味地去檢討自己的「管理方法」，而是會去思考自己的「用人方法」是否出問題？

#不要管太寬：只要懂得去釋放員工的潛力

「森林之王」獅子對手下最近捕獲的獵物越來越少，非常不滿意。

於是，決定召開一次森林幹部檢討會議，商討如何才能改變目前的這種情況，增加捕獲的獵物數量。

在檢討會議上，身為獅子的軍師狐狸發言說：「稟報大王，咱們森林裏原本獵物很多，而且像老虎、豹和狼都能輕易地獲取獵物，但現在的情形不同了，因為獵物的數量越來越少，獵物也

都提高警覺，白天常常藏在深洞裏不出來活動，因此，獵取獵物才會越來越困難。」

「照你這麼說，難道就沒有辦法獲取更多的獵物了嗎？」獅子有點不高興地問狐狸。

「也不盡然，因為我們現在有很多的力量沒有用上，比如猴子身材雖小，但牠的動作靈活，可以在樹上來去自如，因此，可以在樹上擔任發現獵物的重任；野豬雖然生性懶惰，但牠挖洞的本事是其他動物無法相比的，因此，可以擔任挖掘陷阱的任務；而野馬雖沒有鋒利的牙齒和爪子，但牠的奔跑能力無人能及，可以擔任傳遞獵物資訊的任務，如果我們可以好好利用猴子、野豬和野馬的長處，再搭配老虎、豹和狼擒拿獵物的絕技，就不會眼睜睜地讓看到的獵物從眼前逃脫……」

狐狸說：「換句話說，只要大王能夠把每個部下的潛能挖掘出來，並協同作戰，獵物一定會越來越多的。」

「狐狸你分析的很有道理，就按照你說的去辦吧！」獅子說。

以前，獅子只知道讓老虎、豹、狼去捕獲獵物，卻不知道猴子、野豬、野馬……等等這些動物對捕獲獵物也能做出貢獻。

因此，獅子在軍師狐狸的建議下，讓這些動物發揮了各自的潛能，以至於捕獲的獵物數量，開始回復到以前全盛時期的數量。

管理便利貼

讓想要釋放公司的潛力，管理者可以做到以下幾點：

一、牢記技術和知識訣竅是公司進步的推動力。

二、在競爭中尋求變化，並準備好對此做出迅速反應。

三、在未來僅僅管理是不夠的，還需要瞭解部屬的潛在能力。

四、現實必需和未來需要之間尋求平衡，並敢於適度冒險，具備進取精神。

在管理實踐中，那些非常受尊重的領導者總能設法跳出有關生存之道的「老好人」模式—即你好，我也好，這些領導者往往能透過積極的激勵手段，使他們的下屬發揮出最優秀的才能。

但是，一般企業的管理者，經常受制於那些讓公司曾賴以獲得成功的模式，就像前述故事中的獅子總是認為「老虎、豹、狼」是可以成功捕獲獵物的成功模式，因此，才會面臨捕獲獵物數量逐漸下滑的結果。

其實，一個成功的管理者想要釋放員工的潛力，必須洞悉員工的實力所在，並把他做為公司其他一切工作的基礎，就像前述故事中的狐狸一樣，必須懂得找到部門裏面的「猴子、野豬、野馬」，然後，把他們擺在符合他們專長的位子，以有效釋放他們潛在的能力，來為公司效命，以提升公司在市場的競爭力。

#管理盲點11：過去可以成功的方法，也可以在現在獲得成功？

即使知道死守過去獲得成功的這種心智模式，已成為公司進一步發展的障礙，許多公司還是不肯丟棄這種會導致失敗的成功模式。

12、喜歡管東管西，只會讓自己累死

#不要管太寬：你就會懂得下放權力

如何有效管理眾多部門和員工，並使他們擁有極高的工作效率？答案應該是事事過問？還是下放權力？事實證明，如果主管採取「事事過問」的「管太寬」方法，只會拖住公司前進的腳步，但如果主管懂得「下放權力」，就能讓公司掌握先機，贏在起跑點上面。

多年以來，企業界存在著一種對管理的傳統認識，那就是管理者必須監督部屬所有工作的一舉一動，而這就是傳統主管們認為自己應該做的一切。

然而，實際狀況卻是隨時隨地監督部屬的行動，只會讓部屬綁手綁腳，無法大展身手。

在人煙稀少的深山裏住著兩個動物部落，一個是野牛部落，另一個則是山羊部落，多年以來，這兩個動物部落共同吃深山上的青草，一起飲用山澗的泉水，由於，青草和泉水夠牠們兩個部落使用，倒也相安無事，可是有一年遇上大旱，半年來沒有下過一滴雨，深山的植物漸漸枯萎，山澗的泉水也逐漸乾涸，而這也讓野牛和山羊兩個部落為了爭奪草資源和水資源而磨擦不斷，最終演變成兩個部落的戰爭。

兩個部落正式宣戰的當天晚上，野牛部落召開高階將領作戰會議，準備擬定與山羊部落做最後決戰的行動計畫，野牛部落的統帥在作戰會議當中做出最終的指示，首先先派遣前哨部隊偵察敵情，再將偵察到的情報送交情報部分析，然後再將分析結果，呈送作戰指揮部來擬定行動方案……最後再呈送最高統帥定奪，但是，野牛部落的將領之間，卻為了要擬定什麼作戰計畫爭論不休。

管理便利貼

重點不是計畫要做得多詳細，而是，有沒有開始動手去執行，因為再周延詳實的計畫，如果不去執行，這個計畫跟不周延詳實的計畫又有什麼兩樣？

在同一時間，山羊部落也召開作戰計畫……只見山羊首領說：「各位親愛的將士們，你們依據情勢做出判斷，自行決定作戰方案，所有的行動結果，除了對我負責外，不需要對其他任何人負責，放心大膽地去幹吧，最後勝利一定屬於我們的！」

正當野牛部落的將領們，還在為作戰計畫喋喋不休地爭論時，山羊部落的將領們已經率領部隊，瞬間衝進野牛部落的大本營，驚慌失措的野牛將領，在還沒來得及反抗就乖乖投降，野牛部落的統帥被活捉之後，站在山羊部落首領面前，不服氣地問說：「我們野牛部落有最優秀的將士，為什麼最終還是輸給你們？」山羊首領淡定地笑說：「問題其實出在你管的太多了，而我對我的將士的要求只有一個，那就是只要能夠獲得勝利就可以了，而這就是我方獲勝的原因。」

在上述故事中的野牛部落組織臃腫，管理者喜歡管東管西，導致決策緩慢，最終在競爭中失敗，而這種管理者喜歡管太多，也是許多大企業在管理上的盲點。一般由高階和低階主管組成的公司管理階層，通常會透過很多大大小小的會議，來確信基層的工作運轉正常，而不是給基層主管們提供做決策的機會，這些高階主管往往試圖去控制基層主管的想法和做法，把大量的時間和精力浪費在瑣碎的細節上，以至於讓整家公司一直在原地踏步。

#管理盲點12：管的越多，效率才會越好？

一些主管們喜歡將經營決策搞得毫無意義的瑣碎，喜歡把管理搞得過於高深複雜，而且，這些主管不懂得去激勵部屬，老是想著控制部屬的一舉一動，將他們的時間浪費在瑣事和彙報上，讓員工沒有時間去做真正該做的事，而這也充分證明「管的越多，效率越好」是一個錯誤的管理觀點。

13、不會排斥「大才小用」，才是真正有能力的部屬

管理者首先要為人才提供發揮能力的舞台，主管在公司中應該做的事，就是不要管太寬，只要把時間用在使每一位部屬的長處得到充分發揮，以有效提升公司的競爭力。

#不要管太寬：只要幫部屬打造發揮長處的舞台

有一家中型企業規模的公司準備應徵一名負責產品包裝工作的員工，由於，這個職位並不是一個有前瞻性和未來性的職位，薪水待遇也不高，所以前來應徵的人很少。

而且，前來應徵的人，不是資格和條件不符合職位要求，就是求職應徵者對待遇的要求太高，公司無法滿足他的需求。

正當這家公司的人事經理苦惱沒有合適的應徵者前來應徵的時候，進來一位無論是學歷還是經歷都會是一般大公司會極力爭取的應徵者。

只見這位應徵者，一副氣定神閒地將精心製作的履歷表，呈送到人事經理面前。當人事經理

看到履歷表上面填寫著「企業管理博士」和「管理大型企業五年經驗，並獲得豐碩業績」等字樣時，驚得瞪大雙眼。

「您看我夠資格當貴公司的產品包裝員嗎？」應徵者問。

「當然，不過，你不覺得這太『大才小用』了嗎？你原本可以到大公司直接應徵總經理的職務……」

「關於這點就不用為我擔心，你們公司不是制定了『只要是人才，就不會被埋沒』的人事升遷制度嗎？我有十足的把握，過不了一、兩年，就會成為你們這家公司的總經理。」應徵者用自信的語氣說道。應徵者講完這句話，剛好被從一旁經過的董事長聽到。

「非常恭喜你，你已經獲得了這份工作……只要你的工作能力真的優於其他人，本公司包括董事長在內的所有職務，都為你保留著……」董事長說。

管理便利貼

管理者對部屬的工作負有責任，也掌握了部屬發展的權力，如何發揮部屬長處，不僅僅是工作有效率的要件，也是管理者對部屬的道義責任，更是對其職權和地位的必盡責任。

只有經得起績效考驗的部屬，才是應該提升的人。因此，不論別人以「原來的職位少不了他」、「升調到別處，怕別處不能接受」，或是用「他年紀太輕了」、「他在第一線的經驗不夠，所以不宜調任」的理由反對，都不必在意。

而且，這並不只是因為一個職位需要最適當的人選，同時也因為用人著眼於機會，而不是著眼於問題，這樣不但能開創一個有效的組織，也能夠激發員工的熱情和忠誠。

一個能力不足的主管，一定自知自己的能力不夠，不管他是否承認，而對於能力不足的他，若不是飽受壓力和煎熬，就一定是默默祈求早日脫離苦海。因此，讓他繼續留任主管的位子，對於一個無能的主管來說，其實是一種「殘忍」的行為。換言之，對於一位沒有能力和工作有突出表現的主管，應該毅然決然地將他調離現職，如果為了某些原因，硬是把他留下來，對公司所有人來說是一件不公平的事，而且，這樣做也等同於剝削了部屬發揮長處的機會。

#管理盲點13：再給不適任的部屬一次機會？

一個優秀的主管，應該協助部屬得到應有的發展，主管必須為每一位部屬創造讓他可以發揮長處的機會，以讓每一位部屬都能憑著本身的能力和才幹做出一番成就，而不必顧慮其他，但是，如果部屬沒有能力可以勝任他目前的職位，就必須立刻將他調離現職，千萬不要有再給他機會試試看的念頭，因為，這對不適任的部屬，其實是一種折磨。

14、「執行速度」決定企業獲利的速度

#不要管太寬：才能及時掌握可以提升競爭力的機會

企業必須在競爭對手開始行動之前採取行動，並迅速利用機會，當管理者面對每個「機會」，一開始都會受到許多未知因素影響，因而犯下「管太寬」的錯誤，因此，想要掌握住「機會」，管理者在面對所犯的「錯誤」，應當深思熟慮，並迅速從中吸取教訓。

一九八八年，戴爾公司首次公開發行股票，股票增長的速度就跟坐直昇機一樣快，如果把戴爾公司的股票和其他業績斐然的著名公司對比，可看到戴爾的股市走勢曲線比可口可樂、微軟、英代爾、康柏要陡峭得多。

戴爾公司在一九九二年，不但被財富雜誌評為全球五百大企業，麥克．戴爾也成為五百大企業裏有史以來最年輕的執行長，現在沒有人能忽視戴爾的存在，因為戴爾的革命性行銷模式在各行各業的管理界刮起了「戴爾旋風」。

現在大家都知道，互聯網會改變一切，很多高技術公司的經理都知道一個公開的秘密，戴爾透過網路的銷售，正迫使他們重組他們全部的銷售結構。

麥克・戴爾說：「我們的顧客也會節省資金，如果他們從網上訂購的話……透過在網上供應產品，我們幫助顧客節省了相當多的時間和費用，透過網際網路，我們獲得每日銷售額，平均三千萬美元的佳績，而透過網際網路來銷售，比電話聯繫或個人接觸方式，獲得更高的盈利的原因是因為經營成本降低了……由於，公司和顧客雙方都從網上銷售獲益，所以我們預計網上銷售會繼續促進戴爾的超成長，而且，也許有一天會佔戴爾總銷售額的一半。」

另外，戴爾公司的高速度，也實現了利潤的超成長，麥克・戴爾說：「鑒於電腦組裝時間和成本的明顯節省，因此，我們採用庫存時間不超過六天的做法，並賦予了『與生產同步的物資管理』新的意義。」

惠普公司首席執行官盧・普拉特就曾經當著麥克・戴爾的面前談論他很佩服戴爾公司的「高速度」這件事，普拉特甚至為了讓惠普公司的電腦經營跟上戴爾的速度，宣布他將分解他的公司。

管理便利貼

「速度」對企業非常重要，在競爭越來越白熱化的今天，成功者是能走在關鍵趨勢的前端，而且，真正能在全新應用上增添價值的公司。

這些年來，戴爾的股票在創造股市神話的同時，戴爾的PC、伺服器、高端的通用微型電腦源源不斷地運往福特汽車公司、波音公司，以及像德意志銀行這樣的巨人企業，而這也讓麥克·戴爾成為華爾街最耀眼的明星，他的股東們都對他有著狂熱的仰慕。

戴爾的客戶受益於與技術的開發和締造者建立直接的一對一的關係，而「直線訂購模式」使戴爾能夠提供最佳價值的技術解決方案；系統配置強大而豐富，無人出其右的性能價格，它也使戴爾能以富於競爭力的價格推出最新的相關技術，戴爾透過其開拓性的「直線訂購模式」，已經和大型跨國公司、政府部門、教育機構、中小型企業以及個人消費者培植了直接關係。

其實，把戴爾引向成功峰巔的理念看起來很簡單，那就是按照客戶的要求製造電腦，並向客戶直接發貨。

因此，戴爾能事半功倍地瞭解到客戶需求，並做出及時有效的反饋。

另外，做為微機供應商，戴爾首先透過免費直撥電話向客戶提供技術支援，並於翌日進行現場服務，而這些客服的先進措施都已成為相關行業遵循的範例。

#管理盲點14：只要節省成本就可以讓企業獲利？

對企業來說，「時間不是金錢，速度才是。」因為，在這個競爭激烈，機會稍縱即逝的商場，「執行速度」才是讓企業可以迅速獲利的保證。

第三章

不要管太寬：才不會一直挑剔員工的缺點

每個人都一定會有優點和缺點，因此，身為一個卓越的管理者，必須懂得用部屬的優點來掩飾他的缺點，如果只會一味地「管太寬」一直去挑剔部屬的缺點，那麼這個部屬就不可能發揮他的優點去完成你交代他做的任何事。

15、發現不適任的員工，必須立刻淘汰

#不要管太寬：就不會把時間浪費在沒有能力的部屬身上

當有職位空缺時，無論發生什麼情況，一個懂得不要管太寬的管理者不會在用人原則上有絲毫妥協，而是會將必要的時間進行最恰當的選擇，同時讓能力平庸者讓位，因為，管理者的管理能力和員工的素質優劣，決定一家公司的成敗。

公司的基礎是優秀員工，沒有他們公司將無法生存，只是由於這是最常見的問題根源，許多公司才不把它當做一回事，甚至在不聘用優秀員工的替代方案是聘用更沒有效率的管理者，設計出更不自由的工作制度，使原有的問題惡化。

有一個野生動物園裏的動物們決定利用動物園休假日，分為紅隊和白隊舉行一場三對三的籃球鬥牛比賽，紅隊的隊員有獅子、老虎和兔子，而白隊的隊員則是野馬、黑豹和猴子，紅白兩隊的教練分別是大象和狐狸。

比賽開始了，雙方鬥得難解難分，比分一直呈現拉鋸狀態，此時，白隊細心的狐狸教練留意了場上的情況，牠發現紅隊有一個致命的缺陷，也就是紅隊雖有獅子的勇猛和老虎的速度，但牠們的弱點在兔子，雖說兔子有速度、轉身也靈活，但牠身材太矮，既傳不出好球又不能上籃得分，牠在場上的作用完全可以忽略，想到這裡，狐狸教練馬上叫了暫停，召集隊員面授機宜，狐狸教練對防守兔子的猴子說：「兔子在場上發揮不了任何作用，你可以把牠當成空氣，不用理牠，你的任務改成協助野馬和黑豹防守紅隊的其他兩名隊員，同時你自己也要積極地進攻，如此一來，我們就是三個打牠們兩個，勝利必定屬於我們。」

暫停過後，比賽重新開始，果然猴子就撇開兔子不管，防守時竭力協助其他隊員，由於多了猴子的協防，紅隊的獅子和老虎的進攻成功機率大大降低，當牠們將球傳給處於空檔的兔子時，兔子總是沒有力氣把球投進籃框；相反地，在白隊進攻時，兔子雖然上蹦下跳非常活躍，但總是阻擋不了猴子的進攻。

比分眼看逐漸拉大，氣得紅隊的教練大象直跺腳，並自言自語地說：「本隊有像兔子這樣的庸才，這場比賽根本不需要敵人，就已經先輸了一半。」

由於，兔子能力的平庸，最終紅隊輸掉了整場比賽。

管理便利貼

正確地聘用部屬是管理者最關鍵的決策內容，設置優秀員工的標準，只聘用在此標準下最頂尖的那部分員工，而這就是提升公司競爭力的關鍵。

現在走進許多公司，你會發現同一個現象，那就是由於薪資成本被壓到了最低限度，因此，公司聘用的恰好是符合工作所需最低要求的員工，也許有的企業管理者會認為，可以這樣就已經很不錯了。

因為如果在稱職的管理者的領導下，這些員工還能被派去做比較高階複雜的工作，畢竟真正做這些工作的人不是他們，而是管理他們的人，而這也就是為什麼公司都認識不到員工素質重要性的原因。

也就是，首先這些公司沒有衡量勞動生產率大小的價值體系，而同時，關係到公司成敗的因素又很多，包括新產品設計、製造生產、素質控制、分銷、銷售、行銷等諸多方面，所有這些職能都被公司內部不同部門所操縱，不易明確指定部門應承擔責任。

因此，每個部門都可以抱怨其他部門失職，因而讓公司整體競爭力，一落千丈。

#管理盲點15：認為員工素質是判斷公司經營狀況好壞的唯一準則？

其實，員工的素質並不是是判斷公司經營狀況好壞的唯一準則，拙劣的管理能力也會把哪怕最優秀員工組成的公司搞得一團糟；官僚作風會使積極性很強的團隊變為一潭死水；外部因素譬如網際網路，也會間接打擊公司制訂的超完美計畫。

16、解決部門之間的矛盾，不一定要加強管理

#不要管太寬：就能找到兩個部門相互矛盾的原因

一般公司部門之間往往會因為負責不同業務，產生相互矛盾的現象，如果想要解決這種現象，並不需要從加強管理方面來著手，而是讓兩個相互矛盾的部門同時負責一項專案，就可以消除部門之間原本存在的矛盾。

如果不說，可能很少人會知道，一直以其跨部門的產品研發團隊和新產品的及時推出而倍受讚譽的克萊斯勒公司，其成功取決於公司高階領導階層一次成功的角色變化。

克萊斯勒公司高階管理階層的成員，同時管理著兩個正規的工作部門，比如，公司負責採辦和供應的副總裁同時管理著大型汽車生產線，負責決策與管理事務的副總裁管理著微型轎車生產線。這種管理和生產責任的結合，不僅包容了生產部門和管理部門之間的矛盾，同時也是管理這種矛盾的一種機制。

由於，克萊斯勒公司的雙重管理角色，每一型號的汽車生產部門也要同時承擔利潤責任。因此，高階主管們能夠更加輕鬆地解決短期利益和長遠利益之間不可避免的衝突，並且，結合了產品研發的迅速和對於生產過度的限制，公司確保最佳的銷售價格，而這也是使得克萊斯勒成為近年來美國利潤最高的汽車製造商的主要因素之一。

另外，高階主管的雙重角色也幫助克萊斯勒公司，克服了經常困惑汽車製造商的另一種內部衝突，在汽車製造行業存在著一種體制傾向，那就是由於財務主管追求短期利益，而生產部門則努力發揮自己最大的生產潛力，以致於受到市場歡迎的新型汽車往往生產過度，造成庫存過多的現象，因而導致大幅度的價格折扣和銷售商的回扣，所以雖然汽車的銷售量很大，但是平均每輛汽車的利潤卻不高。

管理便利貼

在任何業務經營中，權衡是必須的，不論是為了平衡長遠目標和短期利益，還是解決市場和生產部門的衝突，公司每一部分的決定，隨時隨刻都有可能對於其他部分造成不可預料的損失，這一點尤其值得高階管理者注意。

然而，克萊斯勒公司的雙重角色，並非是向網狀組織的倒退，從另外一個角度而言，網狀結構只是出現在高階主管的頭腦中。這些高階主管必須面對面地解決各種困難的政治性問題，譬如哪個投資項目應該最先進行？又譬如誰要因為專案的原因，而犧牲自己的員工？以及頗具風險的優先順序問題，這樣的明確性能夠讓中階主管和一般員工的工作變得更加簡單，也使得克萊斯勒公司能夠在新型產品開發方面領先其他競爭者。

例如，在一九九四年公司推出經濟型Neon轎車時，開發時間用不到三十一個月，克萊斯勒的新型載重汽車LH在一九九二年推入市場時，也只用了三十九個月的開發時間，相比公司以前的開發專案加快了百分之二十五，成本也降低了百分之二十。

克萊斯勒公司所有的高階主管都懂得，他們必須同時完成兩種相互衝突的任務，一種任務是研製和生產新型的汽車，這需要同事們的密切配合，另一種任務是提供同事們所需要的功能服務，這使得職能部門與生產部門的領導無法再進行相互競爭，因為他們是水乳交融不可分割的。

這種責任不可分割形式，戲劇化地改變了公司高階領導層級的行為方式。

一方面更為重要的是，雙重責任結構迫使高階主管不得不權衡利益做出殘酷的選擇，另一方面，目標性問題可以因此得到解決，從而不會導致阻礙公司的工作進度，並在認清衝突力量的同時能夠做到共同向前。

#管理盲點16：將複雜的問題推給企業中層管理者？

網狀結構的主要問題在於將複雜的問題推給企業中層管理者，迫使他們在兩個上級的對立目標之間做出困難的權衡選擇，在克萊斯勒公司情況卻與上述狀況相反，解決利益衝突的複雜問題被向上推至高階管理層級，這樣高階管理層級能夠限制問題的複雜性，並將它們最終解決，從而將下級的工作責任變得簡單而明確。

17、用部屬的優點來掩飾他的缺點

#不要管太寬：就不會一天到晚去挑剔部屬的缺點

每個人都一定會有優點和缺點，因此，身為一個卓越的管理者，必須懂得用部屬的優點來掩飾他的缺點，如果只會一味地「管太寬」一直去挑剔部屬的缺點，那麼這個部屬就不可能發揮他的優點去完成你交代他做的任何事。

「天生我才必有用。」每種植物都有別種植物無法取代的優點，只要把每種植物的優點發掘出來，我們的世界必然更加美好。有一天，花園裏的花草樹木不知道哪根筋不對，為了誰比較厲害，爭得不可開交。

松樹驕傲地說：「你們看我多麼高大挺拔，人們一直把我當成積極向上的榜樣，因為我帶給人們的是永不服輸的自信，光是這一點，在這個花園裏沒有一種植物可以贏過我！」

一旁的橡樹不服氣地說：「我才是這個花園裏最重要的植物，我是一種重要的工業原料，人們穿的、住的、用的都離不開我。」

葡萄也沉不住氣發言說：「我每年都結出許多的果實，是人們餐桌上必備的美味佳餚，而且也是人們釀酒經常會使用的原料，我看人們還是更喜歡我。」

杜鵑花也不甘示弱地說：「我身上的香氣每天帶給這個花園的芬芳，也經常被人們用來插在花瓶當成桌上的擺飾，帶給人們賞心悅目的生活享受，如果少了我，人們的生活就會從彩色變成黑白！」

正當這些花草樹木爭得面紅耳赤的時候，花園的園藝工人進來了，於是它們就請園藝工人來評論到底誰對人們比較重要？

園藝工人聽了橡樹、松樹、葡萄、杜鵑花的陳述，面帶笑容地說：「你們都有別人無法取代的優點，你們對人們的生活都很重要，世界正是因為有了你們才變得如此多彩多姿。」

管理便利貼

一味地注意員工的短處，不僅是愚不可及，更是有悖職守，主管在自己負責的部門當中最應該做的事，就在於讓每一位部屬的長處都能獲得有效的發揮。

其實，每個人也都跟前述故事裏面的花草樹木一樣，都各有優點和缺點，因為「金無足赤，人無完人」，因此，對一位優秀的管理者來說，面對各有優點和缺點的員工的「用人原則」就是「用人所長，忽略其短」。

所有卓越的管理者在任用某個員工之前，通常會在內心問自己：「這個員工在某一方面是否確有長處？而他的長處是否為某一項工作所需？如果讓這個員工擔當此一工作，是否能表現得與眾不同？」如果最後得出是肯定的答案，那麼這個管理者就會毫不猶豫地起用這個員工。

所以身為一個卓越的管理者，必須知道如何去善用員工身上的某一特定的才能，去完成自己要交付他完成的重要工作，因此不必去用十八般武藝都通的「萬能」員工，因為事實上也不存在這樣的員工。

有句話說：「主管無能，就等同於剝削了部屬發揮長處的機會。」每個管理者對部屬能否在工作上有所發揮負有絕對的責任。

換句話說，如何發揮部屬長處，不僅僅是讓部屬工作有效率的要件，也是管理者對部屬的道義責任。

#管理盲點17：面對毫無表現的員工，總是會一再地給他們機會？

有一點值得注意，那就是不能姑息沒有突出表現的員工，也就是如果這些員工沒有達到你的要求，應該解雇他們的時候，就必須不顧情面地解雇，千萬不能手軟，而這是身為管理者必須盡到的責任，因為如果管理者一時心軟讓這些該走的人留下來，必將影響其他競競業業的員工，而且對於認真努力工作的員工也不公平。

18、如何讓員工的付出和獲得成正比

#不要管太寬：只要讓員工不要有過高的「期望值」

當員工的薪資低於他的期望值時，就會對薪資不滿，而這個「期望值」只是員工個人的自我定位，一般而言，員工往往過高估計自己在公司中的貢獻和價值，自然也就有過高的期望值，因而對自己的薪資感到不滿，想要解決這個問題，用高壓的管理方式是無法獲得效果的，只要讓員工不要有過高的「期望值」就可以了。

有個牧羊人基於牧場上經常有狼出沒吃掉他養的羊，因此，就特地養了一頭牧羊犬，以協助他照顧好羊群。

剛開始的時候，牧羊人只放了二十頭羊到山上，並向這條牧羊犬說：「好好看著這群羊，只要不讓羊給狼吃了，回來賞你一塊鮮肉……」

於是，牧羊犬一想到有鮮肉可吃，就非常用心照顧羊群，一個星期下來，一頭羊也沒有丟失，牧羊人按照承諾，每天都給這條牧羊犬一塊鮮肉。

第二個星期開始，牧羊人又買了十頭羊，與前面的二十頭羊一塊放到山上，並吩咐牧羊犬好好照顧，只要羊沒被狼吃掉，回家就給牠一塊鮮肉，一個星期下來，仍然沒有一頭羊丟失。

牧羊人非常滿意牧羊犬的表現，第三個星期他一口氣就買了三十頭羊，把牠們和前面的三十頭羊一起放到山上的牧場，同樣吩咐牧羊犬要好好照顧，只要羊沒有被狼吃掉，回家同樣給牠一塊鮮肉。

當天晚上，仍然沒有一頭羊丟失，但是第二天晚上，牧羊人清點羊的數目，發現少了兩頭羊，於是他就把牧羊犬召來訓斥一番：「你怎麼搞的，怎會讓狼吃掉兩頭羊？」

牧羊犬一聽主人這樣說，一臉的委屈，牠向牧羊人說：「主人啊，第一個禮拜，你叫我照顧二十頭羊，給我一塊鮮肉，我有體力照顧好牠們，第二個禮拜，你叫我照顧三十頭羊，也是給我一塊鮮肉，我的體力還能勉強應付，可是現在你要我照顧六十頭羊，還是只給我一塊鮮肉，我實在累得跑不動啊，所以才會被狼吃掉兩頭羊……」

「那你認為一天需要多少塊鮮肉，才有足夠的體力照顧好這群羊呢？」牧羊人問。

「一天最起碼要三塊鮮肉，才夠補充白天流失掉的體力……」牧羊犬遲疑地說。

「這樣吧！只要你不再讓我的羊給狼吃了，我每天餵你五塊鮮肉！」牧羊人說。

自從牧羊人每天給牧羊犬五塊鮮肉之後，牧羊人的羊群在牧羊犬的照管下，再也沒有丟失過。

管理便利貼

一般員工特別會對於貢獻比自己大的同等級員工，出於本能的嫉妒，而且也較容易對這些人的缺點記憶深刻，因此才會有這些人不如自己，為何薪資比自己還要高的錯覺。

其實，上述故事中牧羊人的羊會丟失的原因，是牧羊犬的工作量加大了，卻沒有相應的報酬。從理論上講，只有當員工的實際付出與實際回報不成正比的時候，員工才會對他的薪資不滿。

但實際上，不論薪資的發放多麼公正和合理，不少員工也還是會對自己的薪資不滿。然而，對薪資不滿並非客觀的不公正和不合理所致，而其原因主要可以分成以下兩點：

一、高估他人的薪資和低估他人的績效：由於公司員工的薪資和績效考評成績一般都是保密的，員工無法從正式管道得到真實的詳細資訊，出於對別人薪資及考評的興趣，員工往往會根據一些道聽塗說加以猜測，因而往往會高估他人的薪資和低估他人的績效，從而對自己的薪資產生不滿。

二、低於同等人員的最高值：如果員工的薪資低於相同等級人員最高水準的薪酬，也會產生不滿的情緒，差距越大不滿程度就越高。因為，每個人對自己的優點和對公司的貢獻會牢記在心，甚至有些人還會放大自己對公司的貢獻，但往往看不到別人的優點和貢獻，因此才會經常認為他並不如自己。

#管理盲點18：不好意思直接指出員工的缺點

消除員工對薪資不滿的有效辦法是在考評溝通時，上級直接與員工坦誠相待，對員工做客觀的評價，從而讓員工客觀地認識自己，消除對薪資的不滿，但是指出員工的缺點，需要管理者的勇氣和技巧，多數管理者不擅長做這樣的工作。

19、想要改變員工，只要帶領他走出「舒服區」

#不要管太寬：引導員工跳脫自己熟悉的「舒服區」

在面對重大競爭的關鍵時期，除非對自己所做的事情有全新的看法，否則，不可能跳脫自己的「舒服區」，更不可能做出任何改變，因此，想要改變員工，並不需要「管太寬」，只要引導員工跳脫自己熟悉的「舒服區」。

長期靠打魚維持家庭生計的阿德每天出海捕魚回家之後，他的老婆就將他捕到的魚蝦拿到集市販賣，以賺取購買日用品的生活費用，日子過得雖然不富裕，但也足以讓全家溫飽。

有次，阿德生重病，進醫院開刀，開完刀回家休養了三個月，以致於不能出海捕魚，然而，由於這些年來，全家的生計全靠他捕魚來維持，因此他的這場病，讓全家人斷了經濟來源，日子過得相當窘迫。

阿德慢慢康復後，依然像生病之前那樣早出晚歸出海捕魚，但開過刀的他，體力已經大不如前，讓他感到有些不安，心想如果自己再度臥病在床，全家人的生計該怎麼辦？是不是應該思考改變目前這種情況，為未來做長遠打算，於是，阿德在一段長考之後，準備在自家的後面空地挖一個魚池來開始養魚，他跟老婆說，如果有一天，我跟之前生重病一樣不能出海捕魚時，就可以將這個魚池裏面養的魚，撈起來拿到集市上去販賣。

但是，當阿德將這個想法告訴老婆的時候，老婆一開始並不十分贊同阿德的想法，但由於沒有其他更好的辦法，也只好支持阿德所做的這個決定。

阿德在得到老婆的支持後，開始每星期只出海捕魚一次，然後他把其他的時間全力投入開挖魚池的工作，經過半年多的努力，魚池完工了，阿德把從海裏捕回來的小魚投放到魚池裏，並且還去請教專家如何飼養海魚的方法。

三個月後，魚池裏的小魚都長成了大魚，大魚又生了小魚……阿德再也不用每天一定要出海捕魚，才能維持生計了。

誰都希望在自己的「舒服區」過平穩安定的日子，但問題是這種在「舒服區」的安穩日子能否久長？

而上述的阿德在生一場重病之後，勇敢地跳脫自己的「舒服區」，改變了他以前一貫的賺錢方式，才讓自己在之後真正地過上安穩的日子。

管理便利貼

想要做到真正有效的重新思考，首先要對周圍的重大變化保持警覺，並預測這種變化對自己企業的影響，然後要有所反應，思考自己準備怎麼辦？

現代競爭激烈的經濟社會，形勢瞬息萬變，在各種領域的商場上，沒有永恆的成功者，也沒有永恆的失敗者，雖說一般大規模的跨國企業鮮少面臨立即破產的狀況，但公司在市場的排名不可能永遠不變，因此許多曾在各自領域裏叱吒風雲，獨佔鰲頭的大公司，成為昨日黃花的案例，才會屢見不鮮。

今日的大型企業，無一不具有其輝煌的歷史和曾經顯赫的名聲，然而，越是巨大的成功越會成為企業傲慢，惰性滋生的原因。

正如哈佛大學學者艾爾．弗萊德所說：「公司的習慣一旦養成，就很難改變，關鍵的問題在於你在設備和人員上都投了資，而設備有其專門的用途，人員有他們自己熟練的做法，在這種情況下，你怎樣改變呢？」然而，公司能否做改變，取決於公司是否有這樣的領導者，也就是他們是否善於理解當今世界市場變化的大趨勢，並能看清公司本身在適應這種多變的環境中所處地位的強項和弱項。

#管理盲點19：「以不變應萬變」就是最佳的企業策略？

一些血淋淋的案例告訴我們，即便是大公司，除非它能在變動的市場和技術上獲勝，否則，終將被後來的競爭對手超越過去。

20、熟悉的「舊方法」是「創新」的最大敵人

#不要管太寬：才能做好引導員工追求創新的工作

企業的競爭優勢主要取決於企業的技術優勢和管理優勢，而不是傳統的資源優勢和資金優勢，而技術優勢和管理優勢的取得，就是創新、創新，再創新，然而，想讓員工做好創新工作，不能採取高壓的「管太寬」方式，而是必須採取引導的方式。

品牌被定價為一百六十億美元，在世界大品牌中名列第十五位的吉列公司，它的產品不僅有刮鬍刀，而且還有金霸王電池、歐樂-B牙刷、派克筆……等等。

吉列公司的主力產品刮鬍刀和刀片約佔它的營業額的三分之一，佔盈利的百分之六十。吉列控制著百分之七十男用刮鬍刀國際市場，利潤約為百分之四十，營業額和盈利都逐年增長，而增長的原因是吉列公司成功地推廣了新產品，譬如一九九八年向公眾推出的Mach-3產品生產線，生產三片式刮鬍刀，甫推出一年的時間，便為吉列公司成交了數十億美元生意。

另外，全球出售的鋰電池，五分之二是吉列生產的金霸王電池，而吉列生產的歐樂-B電動牙刷、洗牙器是公司增長最快的部門，市場增長的潛力估計為六十億美元以上。

吉列公司在上述所有業務部門，都順利實現了用創新思維，讓消費者改用吉列的產品，從而提高公司的利潤率。

創新思維是企業發展的催化劑，因此，不能因為創新有可能導致危機，就一味求穩，因循守舊。

另外，要克服急於求成的心理，因為這種心理容易使人們在市場時機問題上做出不冷靜的判斷，且常常會由於對新產品評價和對市場預測的盲目樂觀，因而簡單透過幾個方面，就做出簡單的定論。

其次，要克服崇拜權威的自卑心理，因為人們常常對專家，權威做出的判斷或使用方法深信不疑，甚至全部當做真理來盲目接受，而這恰恰抑制了創造性的發揮，因此切不可偏信權威。

最後，要克服看待事物的習慣心理，由於人們熟悉一種事物或技術，往往不會主動地去探求新的思維或方法，然而，在習慣心理支配下，不可能出現創造性的事物。

管理便利貼

要克服害怕失敗的心理，因為有時人們因為害怕失敗，不敢創新，畏首畏尾，而且，對新事物認識的失誤越多，這種心態也就越嚴重，也就是說，失敗往往使人們對自己的創新能力產生懷疑。

在一間舊庫房中，有一些工具聚在一起開會，因為這些工具們打算蓋一間工具房，由於這間工具房準備用木頭建造，因此為了安全，它們想給工具房安一道鐵門，但問題是生鐵太大，而門太小，以至於無法裝上，因此它們開會商量要用什麼方法來切割這塊堅硬的生鐵。

首先，鋸子信心十足地說：「想切割生鐵，小事一樁，讓我來吧！」

只見鋸子用鋒利的鋸齒在鐵塊上面來回地鋸，但是沒有多久，鋸子鋸齒斷了好幾根。

鋸子失敗後，斧頭用有點臭屁的語氣說：「鋸子老弟，你也太弱了吧，看我的，我可以一下子就把生鐵砍成兩半。」

斧頭的話一說完，立即用力地對著鐵塊砍下去，不一會兒，斧頭的斧刃便鈍了。

錘子見狀，笑說：「斧頭、鋸子你們兩個真沒用，退到一邊去，讓我來大顯身手。」

於是，錘子卯起來對鐵塊一陣猛錘猛打，但錘了一、二十下，生鐵依然無恙。

這時，原本不打算發表意見的木頭忍不住說：「這麼費勁幹什麼？你們就重新設計這間工具房的房門，讓房門大小和這塊生鐵一樣大不就行了……」

「是啊，這麼簡單的方法，我們怎麼就沒有想到呢？」工具們既高興又羞愧。

的確，既然工具們對堅硬的生鐵無能為力，那就改變房門的大小來適應它，這就是用創新思維來解決問題。

當我們面對問題的時候，往往會被自己一開始所畫的框框所制約，因此在遇到任何問題時，只會在這個框框之內，尋找解決問題的方法，卻鮮少會走出框框之外，用逆向思考的創新思維來解決問題，而這是一般企業追求創新，都會有的盲點。

#管理盲點20：總是喜歡在「框框」裏面，平穩中求進步

我們畫地自限的框框，往往會成為創新思維的絆腳石，因此，必須想辦法打破這個讓創新思維止步的「框框」。

21、讓員工找到真正適合自己的工作

#不要管太寬：員工才會勇於提出自己的看法和意見

公司內部的公開應徵，創造出一個讓員工可以「毛遂自薦」的機會，也為公司提供了發掘人才的重要途徑，另外，管理者不要管太寬，才不會壓抑員工的創新想法和對公司有幫助的見解。

一九四六年，盛田昭夫與井深大創辦了索尼公司，經過數十年的經營，索尼公司成為一個頗具規模的國際性電子大廠，一九八二年，盛田昭夫因為經營索尼公司對世界做出卓越貢獻的緣由，獲得美國皇家學授予阿爾伯特動章的殊榮。

索尼公司為了鼓勵員工勇於對公司提出自己的創新意見，因此，訂定一套針對員工向公司提出可以提升公司競爭力創新意見的獎勵制度。

然而，這個獎勵制度一頒布，員工都非常踴躍地針對如何更有效地推動工作，提出自己的看

法和想法，現在的索尼，平均每個員工一年提出的改革方案超過十三件，其中大部分的改革方案都是如何使生產操作簡單化、使工程品質高度化、使生產流程效率化……等方面的內容。

盛田昭夫經常勸告員工，對主管的指示千萬不可囫圇吞棗，或是閉著眼睛照單全收，不要坐等指令，也不要消極被動地工作，同時他要求企業所屬公司的管理者，務必把發揮部屬的能力和獨創精神看得高於一切。

盛田昭夫在跟高階主管開會時，轉述了他與一位美國合資公司美方董事的談話。盛田昭夫說那位美方董事的公司出了一件重大事故，但責任卻一直查不出來，十分棘手……他用不解的困惑語氣問說，為何在日本人的企業裏，出了事情，這麼難釐清到底誰才是真正的肇事者，這到底是什麼道理？

盛田昭夫說他向那位美方董事回答說，查不出肇事者，就等於大家對這件事故都有責任，這對一個企業來說，豈不是件好事？

反之，就算查清誰是肇事者，並處於重罰，除了讓全體員工不寒而慄、心灰意冷之外，又能收到什麼效果呢？

所以盛田昭夫告訴他的員工：「只要你認為是正確的，就大膽地去幹，即使失敗，也一定要從中學到一點東西，讓自己絕對不再犯第二次同樣的錯誤！」

管理便利貼

為人才搭好舞臺，讓每個人都成為贏家，公司也同樣獲利，這就是優秀的管理者應該發揮的作用。

盛田昭夫認為：「一個人在一個工作崗位上，工作時間過長，緊張感就會消失殆盡，因此，倒不如讓其變換一個工作環境，可能會比讓他繼續留在原來的工作崗位還要有效果。」因此，索尼公司有一套經常改變員工工作環境的制度。

這套制度就是每個部門可以在一星期出版一次的內部刊物上刊登「徵人廣告」，員工們看到以後，可以自由地，而且秘密地前去他想要去的部門應徵，一旦被應徵的部門錄取，原來部門的主管絕對不能阻止員工到錄取的部門報到。

而且，公司原則上每隔兩年，便會讓員工們調換一次工作，特別是對精力旺盛、幹勁十足的員工，不是讓他們被動地等候工作變動，而是主動給予他們一個能施展才華的機會。

然而，這種公司內部的公開應徵制度有兩種好處：

第一，員工能透過這種制度，找到真正適合自己，以及讓自己比較滿意的職位；

第二，人事部門可以透過這個制度，從中發現調整部門的員工跟他們原本部門主管之間存在的問題。

#管理盲點21：非到必要，不要輕易地調動員工的職務？

一般企業都認為員工一旦熟悉自己在部門的業務，就不要輕易調整員工的職務，因為只要一調動員工的職務，那麼員工就必須重新學習和適應新職務的工作業務，但問題是在一個工作崗位上，工作時間過長，容易對這個工作失去熱情，甚至會對這個工作產生懈怠。

第四章

不要管太寬：才不會讓真正的人才另謀高就

企業管理者們都知道人才對於一個企業的重要程度，但是，是不是都知道怎樣更好地造就人才，那就不一定了。因為，有些管理者往往寧願任用乖乖聽話的「廢材」，也不想任用處處跟自己持相反意見的人才，而且，有很多真正的人才，都是因為管理者「管太寬」，因而紛紛另謀高就。

22、讓員工看到希望，才是兼併公司的重點

#不要管太寬：就能把兩家兼併的企業合為一體

兩家企業盡管生產過程類似，偶爾也能在技能專長方面具有很多的一致性，不過，這兩家企業必須既在市場方面，又在技術方面具有共同性，還必須有共同的語言，這是不可能在短期之內達到的，因此，想要達到上述目標，不能使用「管太寬」的高壓管理方式，而是必須用「讓員工看到希望」的方法，從而把兩家企業結合為一體。

彼得．杜拉克曾經指出：「兼併必須在業務上具有意義，否則，它即便是做為一種財務活動，也不會有好的結果，它將導致業務和財務上的雙雙失利。」杜拉克的這句話告訴我們，不是任何的兼併都能達到「一加一大於二」的效果。

據說上帝在創蜈蚣時，並沒有為牠們造腳，但是牠們可以爬得和蛇一樣快速。有一天，蜈蚣看到山羊，麋鹿和其他有腳的動物都跑得比牠還快，心裏很不高興，便向上帝禱告說：「上帝

呀，我希望擁有比其他動物更多的腳。」

上帝便向蜈蚣問說：「你想要那麼多腳幹什麼？」

蜈蚣答說：「因為！腳越多跑得越快，我想成為全世界跑得最快的動物。」

上帝答應了蜈蚣的請求，把好多好多的腳放在蜈蚣面前，並對牠說：「好吧，我就成全你，你想要多少腳，就貼多少腳！」任憑牠自由取用。

蜈蚣見狀，迫不及待地拿起這些腳，一隻一隻地往身體貼上去，一直貼到再也沒有地方可貼，牠才心滿意足地看著滿身是腳的自己，並且在心中竊喜：「現在我可以像山羊、麋鹿一樣地在草原上盡情地奔跑。」

但是，當牠一開始要跑步時，才發覺自己完全無法控制這些腳，這些腳各走各的，牠必須全神貫注，才能使一大堆腳不致互相絆跌，而順利地往前走，這樣一來，牠走得比以前更慢了。

弄巧成拙的蜈蚣，想都沒想過，過多的腳不僅沒能讓牠跑得更快，反而成了牠向前飛奔的累贅。

管理便利貼

如果「兼併」的結果阻礙了被兼併公司員工的發展，這些員工將會「身在曹營心在漢」，反而無法獲得當初兼併想要獲得的效果。

這些年，企業界出現了兼併的熱潮，但有些企業並不是以業務上的考慮為基礎的，而純粹是一種財務上的操縱，以至於兼併了過多的公司，就像前述故事中的蜈蚣裝了過多的腳在自己身上，非但無法讓自己走得更快，反而阻礙了自己前進的腳步。

為了不讓企業在兼併的過程犯了「蜈蚣」的錯誤，杜拉克總結出，成功的兼併有幾條簡單原則，首先，兼併必須是「兩情相悅」，除非兼併公司的人員尊重被兼併公司的產品、市場及消費者，否則兼併起不了作用；另外，只有兼併方公司徹底考慮了自己能為被兼併方做出何種貢獻，而不是被兼併方公司能為兼併方做什麼貢獻，兼併才可能成功。

最後，在兼併的第一年裏，必須讓兩家公司管理團隊中的成員，都各自得到重大晉升的機會，即從以前的公司晉升到另一個公司。這樣做的目的，是為了使兩個公司的員工都相信，兼併為他們提供了個人機會。另外，與任何成功的多種經營一樣，若要透過兼併來成功地發展多種經營，就需要有一個團結的核心，如果沒有這樣的團結核心，多種經營，特別是透過兼併展開的多種經營，絕不會取得什麼好的效果。

#管理盲點22：以為「兼併」就是「一加一等於二」

其實，「兼併公司」並不只是將兩家公司變成一家公司，而是讓兩家公司結合為一體，創造出大於兩家公司所能獲得的績效。

23、「未來願景」是留住員工的最好方法

#不要管太寬：員工就會願意留下來跟公司一起努力

想要留住員工，就不要管太寬，盡量以員工的觀點來制定諸如待遇、考核、升遷等決策，而不要只以人事部門或中、高階管理者的角度來看，甚至可以經由面談，或是問卷來調查讓員工願意留下來跟公司一起努力的原因。

在一個月黑風高的夜裏，一個懸掛在客廳中的巨大掛鐘滴答地在響著……但就在這個時候，突然聽到一陣啜泣聲，於是客廳的傢俱們到處尋找聲音的來源，後來才發現，原來是秒針在暗處偷偷地啜泣……

秒針一邊啜泣、一邊說道：「我的命好苦啊！每當我好不容易跑一圈時，分針才走一小步，我上氣不接下氣地跑完六十圈時，時針才緩緩地走五小步……我一天必須跑一千四百四十圈，一星期有七天，一個月有三十天，一年有三百六十五天，我必須馬不停蹄地一直沿著時鐘繞圈

圈……我如此瘦弱，卻要分分秒秒地跑下去，更可氣的是，人們好像忽略了我的存在，每次一開口就是『幾點幾分』，這一點都不公平，為何時針和分針，它們走得比我慢，卻反而比我重要。」

旁邊的「時針」見狀，連忙安慰秒針說：「我親愛的夥伴，你千萬不要這麼妄自菲薄，最近人們越來越強調快節奏的生活，掛在人們嘴上的常是『分秒必爭』，也就是分針他們要『爭』，而你這個秒針，他們更要『爭』，可見你是多麼重要啊！」

「時針」語畢，「分針」也接著說：「在現在的激烈競爭中，往往以秒來決定勝負，比如說一百公尺賽跑決賽，最後的輸贏往往是一秒之差，甚至是零點幾秒，你看，你的作用多大，你決定著整個比賽勝負的關鍵，而且隨著時間的推移，你的作用會進一步被凸顯出來。」

「秒針」一聽到「時針」和「分針」如此一說，立刻破涕為笑了。

「秒針」知道自己在以後的生活中，將發揮越來越大的作用，於是就咬著牙，永不止息地一步一步的堅定走下去。

然而，在企業的人事管理上也是一樣，管理者應該讓每個員工都擁有夢想，以激發他們努力向上的鬥志，而這就是企業創造高效率的動力源泉。

管理便利貼

詢問員工對特定政策或管理制度的意見，必要時必須依照員工的意見做出修改，也就是身為主管的人，千萬不要自己關起門來制定管理制度。

一些企業經常會為流失優秀人才，痛心不已，其實那些能夠留住優秀員工的企業管理者，其所使用的手腕也並非高不可及，只要你願意，你也同樣能夠做到，而這些企業管理者能夠留住優秀員工，最根本的一條就是要讓他們看到未來和希望。

或許，你會認為「看到未來和希望」這種話語，聽起來很空洞，也就是既不夠具體，也不切實際，有點像是在「畫大餅」；但是，當員工對未來充滿不確定感的時候，他們最希望聽到的就是你幫他規畫出讓他的未來充滿希望的願景。

做為一個管理者，在分析各類員工的價值觀後，應致力於強化使其留下來為公司繼續努力打拚的正面因素，並且設法消除他想離開公司，另謀高就的負面因素，而最簡單的做法就是不以對錯的觀念評估個人價值觀，因為員工和管理者之間的價值觀可能差異很大。而且，在應徵新進員工時，盡量灌輸跟公司同甘苦、共進退的價值觀，以及嘗試去瞭解員工的價值，並立即做出合理的回應。

#管理盲點23：制定公司變革決策，是高階主管的權責？

讓員工參與公司變革的全部過程，且在任何變動之前，都應有主管的全力配合，千萬不要認為只有高階主管才有資格參與公司變革的決策。

24、把對的員工擺在對的位子

#不要管太寬：才能發現部屬的長處

重視員工的長處，其目的是讓員工可以用他的長處去創造績效，因此，在這個原則之下，管理者只要將工作交代給員工之後，就不要管太寬，以創造讓員工發揮自己長處的空間。

已故的台塑創辦人王永慶時常告誡台塑的主管們說：「每個主管必須經常自我檢討一下，我們的部屬有無怠慢工作？其工作是否完善？究竟應如何去瞭解？而其最簡單而切實可行的方法，莫過於指導部屬清理辦公桌內所經辦的業務，也就是只要透過部屬的辦公桌內經辦的業務，就可以清楚地知道部屬的工作動態與工作效率；我們再好好地想一想，自己對部屬有沒有時常要求他們，就其所做事項去分析效率？如製造方面，應制訂目標管理，製作簡明的表格，記載每日發行的原始資料而加以分析、審核、反映、以求解決，改善推行；事務方面應訂定工作方法，檢驗成效，藉以隨時改善工作。」

另外，王永慶認為，一個當主管的人，要能深入和腳踏實地去協助員工瞭解工作方法，以及解決工作困難。

因為這樣一來，不僅可以徹底瞭解部屬的工作，而且對部屬的才能也可深切瞭解，甚至可以因此認清部屬目前的工作是否適才適所。

如果一發現部屬不適任目前的工作，必須立刻依照他本身的才能來調整工作，使其能有效地發揮所長，以免埋沒人才。

管理便利貼

所謂「樣樣都對」，必然會一無是處，才華高超的人，其缺點往往也越明顯，世界上實在沒有真正全能的人，問題是在哪一方面「能幹」而已。

經營之神王永慶指出：「一個公司經營的成敗，人的因素最大，屬於人的經驗、管理、智慧、品行、觀念等等無形資源，比有形的更重要。」王永慶有整套的「求才、用才」的人才管理制度，從台塑的經營效果來看，這一套制度是無可挑剔的。

首先，在「用才」方面，王永慶認為，「任何企業成敗的關鍵都是『用人問題』，而且，企業的管理者最難的問題是如何認識瞭解、領導一個人，並能發揮其長處，盡其所能。」為此，王永慶在台塑集團內設立了類似「師傅帶徒弟」的輔導員制度，派專人針對性地瞭解其屬下，為其屬下制定專門的工作模式，並予以適當的授權，這樣才能真正地做到「適才適所，人盡其才」。

接下來是求才，王永慶把尋找人才納入到台塑集團的內部管理當中，制定出一套人才需求的標準，要求各個關係企業知道企業本身最需要什麼樣的人才。只有做到這一點，人找來了，透過交談，一聽就可以知道他是否是自己所需要的人才。

因此，在求才方面，王永慶不採用一般企業喜歡到外部招攬人才的做法，他認為應該改變「遠處的和尚會念經」的觀念，主張從自己的身邊尋找人才，也就是如果主管發現自己的部門的確需要某方面的人才時，不能一下子就想向外尋覓人才，而是要先看看企業的其他部門是否有合適的人選。如果透過內部尋找，找到了合適的人選，則只需填寫「調任單」，也就是兩個部門相互協調調任即可。

王永慶認為，透過兩個部門相互協調調任，對企業有以下三種好處：

一、由於企業內部人員已經比較熟悉台塑的工作環境，直接調任可以節省訓練的時間和成本。

二、可以發揮協調作用，有些人由於長期從事同樣的工作，會感到單調乏味，以及對現職工作產生倦怠情緒，如果換一種工作類型，可促使他更加努力地工作。

三、可以有效改善部門間的人員閒置與人力不足的矛盾。

#管理盲點24：不知道自己需要什麼樣的人才

如果不瞭解本身的需要，盲目尋找人才，那就可能出現不是找不到，就是找到了也不知道，甚至不懂得如何用他的狀況。

25、不要忽視薪資對員工的激勵作用

#不要管太寬：就會重視員工的薪資問題

一般來說，「激勵士氣」也是管理方式的一種，但是，光憑管理者慷慨激昂的言辭來提高部屬的士氣是行不通的，或者說用這種方式即使可以激勵士氣，其激勵起來的士氣，也不可能太長久，然而，一個懂得不要管太寬的管理者，從來不會忽視薪資對員工的激勵作用。

任何一個企業，不可能忽視薪資對員工的激勵作用，因為薪資是最直接也是最簡單的激勵員工辦法，也就是如果你想抓住人才，就必須像玩「寶可夢」抓CP值高的稀有怪之前，必須先餵牠吃莓果的道理是一樣的。

福特汽車公司在其創造和發展大規模流水線生產方式時，曾碰到在高效率的生產方式當中充分激發工人積極性的問題。亨利·福特的獨生子埃德賽為了解決這個問題所引發的後續效應，就在陪同父親巡視廠房時，忍不住地告訴父親：「工人們看您的眼神有點怪怪的……」

當亨利·福特問兒子埃德賽為何會這樣說？埃德賽便向父親解釋說：「可能是公司在流水線生產方式創立之後，只注重機械設備和生產管理方面的重要性，在一定程度上，將員工當成了一種機器，問題是員工是實實在在的人，並不像機器不知道工作的辛苦，換句話說，工時的增長並不會導致機器的反感，而工人每週工作六天，每天工作將近十個小時，而且經常加班，也就是在工作時間的增加，但報酬不增的情況下，就會使工人產生怨恨情緒，而這種情緒的存在將是公司發展的一大隱憂。」

亨利·福特聽完兒子的解釋，恍然大悟，隨即對此向第一線的員工做了十分深入詳細的調查。

結果顯示，由於福特汽車公司採用了新的生產方式，工人的工作量，根據工種的不同是其他工廠工人工作量的一點五倍以上，在快速移動的流水線旁，工人們神經高度緊張，常常要經過四個小時，才能得到短暫的休息，而工人的薪資每天僅兩塊美元左右，僅相當於整個底特律的平均薪資水準，嚴重打擊了工人的工作積極性，大批工人紛紛離開福特公司，從事和福特工資類似，但工作量較低的工作，到一九一三年，工廠工人的流動率高達百分之三十八，等於十個人就有四個人離職。

管理便利貼

員工的積極性是否能得到充分的發揮，是制約著先進生產力方式的高效率能否成為現實的重要因素。

福特公司首創的流水線生產方式使福特汽車的生產效率急速提高，也使員工的工作量加重，為了完成訂單，工人有時週末也得加班，而工人的工資並沒有任何提高。而這種勞資矛盾的衝突使亨利・福特猛然驚醒，立即召開緊急會議，討論增加工人薪資問題。亨利・福特認為大量的生產方式不僅是改變機械作業的問題，它的效率能否充分發揮，還取決於工人的工作積極性，因此，福特為了提高工人的積極性，以保障大量流水生產的順利進行，斷然做出決定將工人工資從每天兩塊美元上升到每天五美元。

雖然五美元工資使福特汽車公司每年多支出一千多萬美元，但公司利潤卻連翻數倍，一九一四年的利潤為兩千萬美元，一九一六年已達到六千萬美元。

然而，福特公司的工資改革引起了軒然大波，成為大家激烈爭論的焦點。有人說：「福特發了瘋，這樣搞下去，福特汽車公司遲早要破產。」但是，福特公司頂住了壓力。高工資的效果顯而易見，全國成千上萬的工人紛紛來福特公司應徵工作。

#管理盲點25：重視工作效率，而忽略員工的積極性

任何一種高效率的生產力，其構成要素既要有先進的設備，精進的組織管理方法，同時還必須要有員工的積極性來配合。

26、想網羅人才之前，必須先知道需要什麼人才

#不要管太寬：就能網羅到自己想要的人才

企業之間的爭奪戰，說穿了就是人才的爭奪戰，誰擁有了更優秀的人才，誰就能在競爭激烈的戰場上獲勝，但是，真正的人才往往不喜歡效力於「管太寬」的管理者麾下。

日本軟體銀行創辦人孫正義的人脈關係網，遍布全世界，但這不是一朝一夕建立起來的，為了得到人才，他會首先深思熟慮，為了什麼目的去尋找人才？這個人才應是什麼樣的人物？這種人物哪裡可以找得到？以及要用什麼方法得到這個自己想要找的人才？

換句話說，孫正義為了得到人才，會有明確的目的，也就是首先會先確認自己為了什麼，想要尋求什麼樣的人物？而他在確定自己要尋找什麼人物之後，會問自己，要到哪裡去尋找這些人才？

首先，孫正義會去參加能夠擴大視野和交際圈的不同行業交流會和研討會，由於他已經很清

楚自己為了什麼目的，想尋找什麼樣的人才，所以在不同行業的交流會和研討會，一旦遇到自己想要尋找的人才，就不會把這些自己想找的人才當成「路人」，因此，他參加上述的那些會議，往往會有很多收穫。

管理便利貼

只要你是惜才如命的人，總會想出辦法找到你所需要的人才，做為管理者，平時就要做留意人才的「有心人」。

有句話說：「物以類聚，人以群分。」志趣相投的人，自然會聚集在一起。因此，孫正義在明確地知道自己想要尋覓什麼人才之後，除了去參加不同行業交流會和研討會之外，還會去這些人才會聚集出沒的地方「撒網捕魚」，而且，有七分把握他就會開始「收網」，也就是只要有七分把握，就立即拍板決定，他認為如果要等到有百分之百的把握，想要網羅的關鍵人才就會被競爭對手早一步搶走。

值得一提的是，孫正義在「撒網捕魚」之前，會先投資去製造他想網羅人才的「魚網」，而且也懂得如何「放長線釣大魚」，譬如一九八一年十月，孫正義的日本軟銀公司不惜成本，取得了大阪召開電子技術展的展覽廳，這是孫正義為了網羅人才所撒下的網。當時，孫正義的公司，資本額只有一千萬，卻把寶貴的八百萬一下全部投了進去，租到了距會場入口最近、最大的展覽廳，而且這間展覽廳的場地、相關設備全都提供給參展軟體公司免費使用。

參展的軟體公司的社長們後來異口同聲地說：「孫正義的計畫是要成為軟體零銷業的資訊中心。」於是，這些參展的軟體公司的社長們知道了孫正義這號人物的存在。然而，也就是因為這種「放長線釣大魚」的效果，讓孫正義「釣」到了上新電機的淨弘博光社長、哈德森公司的工藤裕董事長……等等重要人物。

不過，孫正義最早使用尋求人物的方法並不是上述那些方法，而是電信公司印製的電話簿，譬如製造多國語翻譯機的試製品時，伯克利大學教授的家，孫正義就是從電話簿上查到的，而推銷這個翻譯機的專利代辦人協會的電話，也是從電話簿找到的……孫正義認為每個人家中都有的電話簿，只要懂得善加利用，它就是一本可以挖掘到人才的「資訊庫」。

另外，孫正義很善於充分利用別人的智慧和力量來發展自己的事業，對於第一次見面的人，只要對方能幹，就會單刀直入地提議「一起幹吧」，結成夥伴關係。然後，再從結成夥伴關係的一流人物那裡得到最有價值的資訊，接著再透過這些資訊，尋找另一個人物，螺旋式地擴充自己的「關係網」，以此蓄積起人、物、財、資訊（價值）的財產。

#管理盲點26：不惜用「挖牆角」的方式，來網羅人才？

許多企業管理者，雖然明白人才之於企業發展的重要性，但對於如何才能獲得優秀的人才卻感到束手無策，人才固然不可強求，但做為管理者應以最誠懇的態度去不斷地尋覓人才，而不能一味地用「挖牆角」的方式，來網羅人才。

27、做過去不敢做的改變，才能突破現狀

#不要管太寬：就能帶領部屬突破目前的現狀

每一個企業的管理者，都應以嶄新的視角重覆地審視工作，進行任何有利企業的改變，一個懂得不要管太寬的管理者，不會將時間浪費在管理小事上面，而是會將時間用在不斷地研究可以讓公司突破現狀的策略計畫，如果有必要，就重新擬定，這樣才不會讓自己因循守舊。

「未來電腦發展，勢必走上像一般電力公司供電給所有住戶的模式。」以上這段話是在二十世紀中葉電腦發展初期，IBM公司上下均堅持的一個信念，具體來說，當時的IBM公司認為這個信念並不是科幻小說的情節，而是可以用嚴謹的科學來證實未來人類將發展出具有強大威力的主機型電腦，可供世界各地幾千萬以上的使用者共同使用，IBM公司這個對未來電腦發展的信念和觀點，也獲得當時各個領域的專家認同。

然而，在這種主機導向的資訊系統正要進入人類的現實生活時，突然間，在一九四六年，美

國賓州大學的毛琪雷與愛克特，製造了第一部以真空管為電子元件的自動電腦，稱為ENIAC，號稱全世界第一部「個人電腦」，但由於這部「個人電腦」的體積長度為五十呎，寬三十呎，佔地約一間四十坪的房子，因此當時所有的電腦製造商都把這部所謂的「個人電腦」當成笑話來看。因為姑且不論，這部電腦的體積龐大，光是從記憶體、硬碟容量、處理資料的速度直到計算能力來看，沒有一項優於當時已經研發出來的PC，因此，當時很多電腦製造商和電腦方面的專家都異口同聲地斷言這種「個人電腦」一定會失敗。

因為，當時施樂公司的開發部門在幾年前就已經研發製造出第一代PC了，只是當時施樂公司也認為這種產品行不通而決定放棄。

回顧過去的歷史，任何一個在市場上叱吒風雲幾十年的大企業，一旦碰上這種突然的變化，一開始的反應都是拒絕接受事實。因此面對「個人電腦」的興起，大多數主機型電腦製造商的反應都是嗤之以鼻。

當時美國IBM公司的年產量，相當於其他所有同業的總和，而且其利潤也在當時創下歷史新高，面對這種體積龐大的「個人電腦」，非常可能和其他電腦製造商做出相同的反應。但是相反地，IBM立刻很現實地接受了PC這種「個人電腦」產品。管理階層撇開一切舊有的政策、規則和規定，幾乎是在一夜之間就成立了兩個互相競爭的開發團隊，要求他們設計出更簡單的PC。

一九六四年，IBM公司向全世界宣布，IBM三六〇型電腦研製成功，而這也讓IBM奠定之後成為全世界最大PC製造商的基礎。

管理便利貼

因為懼怕改變，因而讓自己永遠待在自己的「舒服區」，將永遠無法讓自己有所突破，以及無法獲得只有離開「舒服區」才能獲得的成功。

在二十世紀的商業史上從未見過像美國IBM研發個人電腦類似的偉大成就，也就是在研發個人電腦的這件事情上，IBM史無前例地表現了高度的彈性，敏捷的動作和謙卑的態度。因為，當時IBM公司的負責人認為一家企業想要永續經營，不能懼怕改變，只有做過去不敢做的變革，才能讓企業一百年、兩百年永遠地發展下去。

「變革」是在現實經營競爭當中無法避免的，譬如一般的經營環境往往處在不斷的變革之中，新的競爭者不斷湧入，新的產品層出不窮，因此，任何經營者一旦無視這個事實，就註定會走上失敗之途。

然而，很多管理者都害怕變革，他們認為「以不變應萬變」就是最佳的企業策略，也許因為那是最安全的，但問題是如果因為想讓自己在競爭的過程當中，永遠站在最安全的地方，不敢做出改變，那麼勢必無法讓自己突破目前的現狀。

#管理盲點27：在沒有把握的情況下，維持現狀就是最好的策略？

所有的管理者，必須切記只有改變才能在競爭激烈的商場上生存下去，也才能隨時保持警覺，並且做好隨時行動的準備。

28、你要用唱反調的人才，還是用乖乖聽話的「廢材」

#不要管太寬：才不會讓「人才」紛紛另謀高就

企業管理者們都知道人才對於一個企業的重要程度，但是，是不是都知道怎樣更好地造就人才，那就不一定了。因為，有些管理者往往寧願任用乖乖聽話的「廢材」，也不想任用處處跟自己持相反意見的人才，而且有很多真正的人才，都是因為管理者「管太寬」，因而紛紛另謀高就。

週休二日的週末下午，小杰和他的爸媽一起到公園裏去玩耍。當小杰看到許多小孩在樹下玩捉迷藏的遊戲時，想盡快跑過去跟這些小孩一起玩的時候，豈知，一個不小心，被一塊石頭絆倒，整個人摔倒在地。

小杰這一摔，摔得不輕，腳也腫了，鼻血也流了出來。

於是，小杰坐在地上哇哇大哭，媽媽見狀，想跑過去扶小杰起來，卻被爸爸給攔住了，爸爸說：「他還不至於摔到連爬都爬不起來，就讓他從哪裡摔倒，就從哪裡爬起來吧，否則，他永遠長不大……」

小杰見沒有人扶他，只好自己爬起來，但還是一面走一面擦眼淚，媽媽見小杰的鞋帶鬆了，正想走過去幫他繫上，又被爸爸阻止了，爸爸對著小杰說：「喂！小杰，鞋帶鬆了，趕快自己蹲下來繫好，免得待會又害你摔一跤……」

小杰聞言，又哭哭啼啼地蹲下來乖乖地繫好了鞋帶。

由於爸媽都不幫他，小杰哭得更傷心了，眼淚模糊了他的視線，他走著走著就走到了禁止入內的草坪裏了。

爸爸見狀，立刻衝上前去，把小杰拉出了草坪，狠狠地揍了他屁股兩下，並吼道：「你難道沒看到那塊草坪是禁止入內的告示嗎？」

一旁的媽媽心疼了，便說：「小杰是真的沒看見嘛，他又不是故意的，你何必發這麼大的火？」

「我才不管他是不是故意的，我只知道孩子犯了錯誤就要受到懲罰，我們假如處處庇護這個孩子，將來怎麼能夠讓他成為對社會有用的人才。」爸爸說。

管理便利貼

企業要有培養人才的專門組織，也就是培養人才應有專人負責，畫分組織內各職能部門的責任，並且定期對所培育的人才進行考核。

每一個人都要經過嚴格的訓練才能成為優秀的人才。所以一個管理者想使自己的部下發揮與生俱來的良好素質，就必須實施嚴格的訓練，尤其在訓練人才的過程中，必須像前述故事中那個爸爸教育小孩一樣。

也就是員工在哪裡跌倒，就要讓他自己在哪裡爬起來，千萬不能過度溺愛和保護員工，以及員工只要犯錯，不管他是不是故意犯錯的，都必須依規定讓他接受應該接受的懲罰，如此才能造就出可以對公司有貢獻的人才。

此外，一個優秀的企業管理者如何去實施人才培育計畫？首先培養人才，要以每一個人的自我啟發為基礎，以主管的個別指導為核心，而將工作場所的實踐教育做為主體，同時不可以進行片段教育指導，應該根據長期計畫不斷對員工實施增進本職學能的教育訓練。

因此，企業必須要有一套行之有效的培養人才方法，也就是將過去成功培養人才的方法，綜合歸納出一套企業培養人才的準則。

如此一來，才能用最短的時間造就出真正對提升公司在市場競爭力有幫助的人才。

#管理盲點28：部屬只要乖乖聽話，素質好不好並不重要？

一般企業培養人才，素質是最重要的，因此，企業管理者培養人才的目的要明確，通常培養人才的目的，無非是貫徹經營基本方針，提高專業能力，或者是培養經營管理能力。

第五章

不要管太寬：才會懂得「理才」比「管人」重要

一般企業最適切的人才，通常是公司自己培養的，一些感嘆「人才難找，人才難求」的管理者，往往都是「管太寬」，因而經常將「人才」當成「奴才」來用，才會找不到人才，為己所用。

29、有效的成本控管，必須由主管帶頭做起

#不要管太寬：才能專心做好整體性的成本管控

實行有效的成本控制要能夠得到各方面的支援，包括員工、各層主管和幹部，否則，成本控制的計畫就不能輕易得到貫徹，而要得到他們支持的關鍵，就是不要管太寬，只要讓他們明白為什麼要這樣做，以及不這樣做的後果是什麼？

一九七九年，由於美國經濟每況愈下，三大汽車製造商通用、福特和克萊斯勒的汽車銷路大受影響，尤其是克萊斯勒由於管理失當，在一九七九年虧損十一億美元，面對這種情況，新上任的克萊斯勒汽車公司總經理艾柯卡，把如何止住公司虧損做為首要任務。

一九七九年八月，艾柯卡和當時的董事長里卡多宣布，在克萊斯勒重新獲利之前，放棄支領每年三十萬美元左右的薪資。

接著，艾柯卡又宣布，對一千七百名高階員工減薪百分之十，以及對級別較低的員工減薪百

分之二到百分之五，時間暫定兩年，並向這些被減薪的員工承諾到公司贏利之後，他們可以領回在此期間被削減的薪資，而這個暫時凍結薪資政策實施之後，每年為公司節省二百二十萬美元的開支。

由於，過去克萊斯勒的人事成本佔其生產成本的百分之三十左右，艾柯卡大幅度地削減了人事成本之後，人事成本從原本的二十一億美元減少到十五億美元，節省了六億美元，下降幅度近百分之三十。

另外，克萊斯勒的大股東們也在艾柯卡的「共體時艱」號召之下，同意凍結紅利，以幫助公司共渡難關。

據統計，克萊斯勒透過凍結薪資、紅利、股息等各種手段，僅一九七九年一年就減少六億五千萬美元的巨額開支。

管理便利貼

降低成本的措施有很多，關鍵要視企業的具體情況而定，比如裁員、降低員工薪資、減少股東分紅，以及降低產品庫存成本……等等。

艾柯卡接任總經理之前，克萊斯勒公司曾經實行過一種被稱為「銷售庫」的成品庫存管理方法，但是這種「銷售庫」卻成了一個掩飾生產虛假增長的地方，因為大量汽車出產，轉入「銷售庫」之後，就被束之高閣，也就是管理者為了邀功領賞，騙取高額獎金，不顧產品是否銷售得出去，一味地製造虛假繁榮，以致於「銷售庫」的存貨日益膨脹，最終都不得不削價變賣，對於這種不問經濟效益的庫存管理辦法，艾柯卡深惡痛絕，並果斷地予以廢除，而這對降低成本、加強管理的貢獻是不可估量的。

另外，由於美國企業普遍實行傳統的「以防萬一」式庫存管理制，而在美國各行各業中，庫存問題最大的莫過於汽車行業，生產一部車要數十家供應商供應上千種零配件，而大汽車公司的裝配線卻多分布在北部「下雪帶」，但大多數供應商基於對自己產品成本的考慮，廠點佈局多在南部「陽光帶」，這種南北遠距離工業佈局，迫使汽車生產商不得不實行「以防萬一」這種會造成巨額虧損的庫存管理制度。

因此，艾柯卡參考改良日本實行的「及時進貨」庫存管理制度，對庫存進行科學化管理，在降低成本、加速資金周轉、提高勞動生產率等方面獲得不錯的效果。

克萊斯勒公司在一九八一年以前，汽車成品庫存和原材料庫存每年虧損高達二十一億美元，經過艾柯卡對庫存制度一系列的革新，到一九八二年，公司的年度庫存虧損已降到十二億美元，一年之間，將虧損減少九億美元，降幅在百分之四十以上。

#管理盲點29：削減人事成本，會影響員工士氣？

大量的成本削減對現在的企業來說，依舊是需要的，因為它是追求最大利潤最直接的手段，特別是在大型企業，更應該將成本削減做為在組織中建立持久性成本預防的第一要務。

30、懂得「理才」比懂得「管人」還要重要

#不要管太寬：只要專心培養自己想要的人才

一般企業最適切的人才，通常是公司自己培養的，一些感嘆「人才難找，人才難求」的管理者，往往都是「管太寬」，因而經常將「人才」當成「奴才」來用，才會找不到人才，為己所用。

日本豐田汽車公司重視對員工的教育培訓工作，不惜投下鉅資做教育培訓的氣魄與膽識，是無人能望其項背的。一九五四年東京立川的日本汽車學校，因通貨緊縮而使經營停滯不前，當時的經營者決定停辦學校，並打算把校地賣掉，豐田汽車公司承受了這塊土地，開始接辦當時的立川汽車學校，後來改稱日本汽車學校。

這所汽車學校由駕駛教練科和修配科組成，當時它與鮫州汽車學校並列，是東京僅有的兩所駐有東京都交通警務人員的臨時考場，並被譽為權威的學校。此外，豐田同時創立了汽車修配學

校。

汽車修配學校的畢業生，因為豐田系統的各經銷店搶著要人，所以完全不用擔心畢業後到哪家公司工作的問題，而且百分之九十以上的畢業生進入公司工作以後，都成為豐田系統的服務工廠或經銷店的技術負責人。

另外，豐田公司也非常重視對推銷員的培養教育工作，因為不管你採用多麼先進的技術生產出來的汽車如果賣不出去，那就不能稱做商品，從這個意義上說，支撐著龐大規模豐田汽車公司的尖兵，當屬國內外的推銷員。豐田汽車的銷售公司董事長神谷正太郎堅信只有培養教育推銷員，才能在推銷競爭中取得不斷的勝利，成為推動豐田發展的原動力。

豐田汽車經銷店有二百五十多個，推銷員有三萬多人，因此豐田在這方面的投資是不遺餘力的。豐田汽車的銷售公司，為了培養推銷員，斥資二十億日元建成了豐田汽車銷售公司進修中心。進修中心的建設計畫是一九七三年制訂的，當時購買了大約五千三百坪的土地，可是即將進入施工的前夕，爆發了使世界經濟陷入大混亂的石油危機。

在這種情況下，銷售公司董事長神谷正太郎卻說：「現在應該馬上對推銷員開始進行再教育」，根本不理會股東們呼籲推遲二十億日元建造進修中心計畫的建議，僅從這件事就可知道，豐田是如何重視對員工的教育培訓工作了。

管理便利貼

豐田公司經理石田曾經說：「豐田能有今天的規模，完全是因為公司歷來重視培養人才的結果。」

無論是豐田汽車工業公司，還是豐田汽車銷售公司的員工，每晉升一級都要進行與各自工作職位相應的進修，有關「培養人才」的熱情之高，是其他企業中所罕見的，可以說這也是「事業在於人」的一種經營哲學。

概括地講，豐田公司培養人才大體上可分為工作職位上教育、正規教育（實習、進修）、非正規教育（俱樂部活動），其中最受重視的是公司內進行交流業務的教育，這是培養人才的主要方面。

此外，特別值得提出的還有「PT活動」，這就是每個月設定一個題目，然後由主管按照這個題目對下屬進行一對一的個別談話制度，例如，在新進員工被分配到工作崗位上，就以「一個前輩要幫助新進員工做什麼？」為題進行談話。

豐田經理石田退三在談到有關培養豐田式人才時，說：「任何事業要想大的發展，最緊要的一條是造就人才，事業在於人，人要陸續地培養教育，一代一代地持續下去……」

總之，豐田無論是豐田汽車工業公司，還是豐田汽車銷售公司，尊重人的這個思想在根本上與培養人才是一脈相承的，已成為人事政策的綱領。

#管理盲點30：員工只是提供時間，完成工作的人力？

員工不單純只是提供時間、完成工作的人力，而且，企業的資產是人才，不是人力，推動和發展企業的是人，也就是員工。

31、尋找藉口只會放慢解決問題的腳步

#不要管太寬：只要將時間花在引導員工關注工作目標

當成功是唯一的衡量標準時，失敗的原因就不再重要了，成功是人們用來衡量事物的唯一標準。因此，在這個標準之下，沒有人為自己尋找太多藉口。如果有問題，人們想聽的也只是解決之道，因此不要管太寬，只要引導員工關注於工作目標，讓員工知道尋找藉口只會放慢解決問題的腳步。

美國微軟公司之所以吸引人才，是因為它本身是成功導向型的公司，它的業績和士氣也主要來自於這一理念。

微軟不會對員工已經獲得的成就有什麼獎勵，也就是員工不可能因為以前的工作績效而一勞永逸，但是如果員工搞壞了一個專案，就會被棄之一旁，因為這個員工對公司已經毫無用處了，而這對大多數員工甚至大多數公司來說是很殘忍，它意味著永遠不能停下來休息，只要休息了，

其他那些不休息的人就會超過自己，讓自己變成了累贅，它也意味著公司沒有絲毫情義，強迫每個員工每天都要使自己增值。

在微軟表面工作非常不重要，你怎樣看待自己，怎樣表現自己都是次要的，主要的是生產效率和成功程度。在微軟業績和成功是衡量工作的尺度，所以人們很願意在此工作，這很像運動員嚮往加入國家代表隊的情形是一樣的，在這個因素誘導下，人們來到微軟努力工作，並因而心情舒暢更熱愛本職工作。

在微軟同事之間存在的巨大壓力，促使每個人都埋頭苦幹，周圍同事希望你盡力而為，專案要成功，他們還得靠你；另外，贏得同事尊重主要得看你的工作做得怎樣，在這樣一個高度關注業績和成功的環境下，同事衡量的眼光就是這樣，除非做出一番漂亮的成績，否則他們是不會抬起頭來看你的。

管理便利貼

適度的壓力常常能夠轉變成一個人前進的動力，而沒有壓力的人，反而停滯不前，不斷地給下屬適當的壓力是一種很好的管理方法，千萬不能讓他無動於衷。

在微軟如果專案本身失敗了，雖然績效和評價都會受到負面影響。然而由於失敗在某種程度上是意料之中的，專案失敗也就不會在員工記錄上留下一個永久性的黑色記號，它只用來評價員工最近完成的工作而已。

換句話說，在微軟「失敗」只是告訴自己沒有成功的原因，因而它被期望偶爾發生在每名員工身上，因為它不會產生任何長期影響，除非有人一個勁的失敗、失敗、失敗，因此在微軟，為了成功你必須失敗，這是用成敗來衡量的最終結果。

然而，在微軟廣義的失敗是由於市場原因的專案失敗，最早的Windows多媒體專案組由許多優秀員工組成，他們創造了優秀的產品，但市場尚未準備充分，於是失敗在所難免，結果專案組成員被貼上失敗的標籤。

在微軟不存在十全十美的系統，有人的成功遊戲比別人玩得好，他們跳往那些只要運用「常識」即可的專案，不必首當其衝承擔失敗風險，進一步地說，由於專案失誤後有關員工被解職，員工就會觀察各部門的工作，並判斷自己所在專案成功的可能性有多大。

另一方面，由於微軟是成功導向型的公司，因此經常為了成功裁撤部門，辭退那些正在為公司努力工作的員工，結果是所有員工都拚命地努力做好自己的工作，因為他們不知道自己哪一天會被公司資遣，然而這種現象不只發生在微軟，如今很多公司經常發生這樣的事情。

#管理盲點31：經常在管理員工時考慮「人情」因素

企業的管理者對員工施加壓力是必須的，沒有壓力就沒有緊迫感，就不會取得進步，當然也許有人會說，這樣做失去了人情味，沒有安全感，但所謂的人情用在努力、有貢獻的人身上是一種愛，是一種鼓勵，但用在不用功、不努力的人身上，則是一種包庇和縱容，對他、對企業都只會有害，而不會有利。

32、不要在動怒的情況下，做出處罰部屬的決定

#不要管太寬：有些部屬的懲罰，可以交由中階主管來執行

管理者必須注意的事情當然很多，但是最根本的，就是不被自己的利害或成見所迷惑，公平地判斷事物，也就是在動怒的情況下，千萬別做出處罰部屬的決定，另外不要管太寬，有些部屬的懲罰，可以交由中階主管來執行。

獎賞的方式很難，懲罰的方法也不簡單，這是由於人的本性深奧而複雜，不容易瞭解的緣故。雖說信賞必罰，可是除了神以外，要做到完全無缺點的境界是不可能的，甚至連神也會因一時迷惑而做出錯誤的判斷，更何況是人，錯誤的比率應當更高。

有一年秋天，一位大將軍到山上打獵，打完獵回到營地後，在臨時搭建的浴間洗澡，不知怎麼回事，負責在浴間專門替大將軍沖水的小兵，誤將滾燙的熱水往大將軍的身上澆下去，大將軍的皮膚因此被燙紅，所幸沒有大礙。

但是，大將軍非常生氣，根本不理會已經嚇得不知所措正跪地求饒的小兵，憤怒地回到自己的帥帳，立即叫來總管，並且下令說：「那個幫我沖水的小兵，簡直是渾蛋，立即把他拖出去處斬！」

總管聽了，心想這個幫將軍沖水的小兵，縱然有錯，但罪不至死，但這是大將軍的命令，不得已，總管只好說：「是，遵辦！」

往常總管在接受命令之後，都會立刻按照命令辦事，可是這次卻偷偷地向將軍貼身侍從們說：「等將軍的情緒平復，心情好一點的時候，就通知我一下。」

到了晚上，大將軍用過晚餐，情緒平靜了些，心情也好多了。於是，談起了這天去打獵的趣事，臉上開始有了笑容，這時在場的侍從們，立即去向總管報告：「將軍的心情好多了，現在看來情緒也很好。」

總管聽了，立即求見，並對大將軍說：「剛才將軍曾經指示，處罰那個幫將軍沖洗澡水的小兵，在下一時疏忽，沒記清楚將軍的命令，敢請將軍重新指示，究竟如何處理這個小兵？」

大將軍盯著管家，想了一會，說：「那個小兵由於不小心，犯了嚴重的過錯，就罰他一個月薪俸好了。」

這件事就這樣過去了，被赦免的這名小兵感恩戴德，盡心侍奉將軍。

管理便利貼

寬容和慈悲是管理者心胸寬大的表現，因此管理部屬時，必須秉持著「得饒人處且饒人」的原則，被你饒恕的部屬，會在關鍵時刻對你有所回報。

半年後的某天夜裏，將軍府衝進兩名刺客，他們都拿著槍，嚇得毫無預防的將軍不知所措，而就在這個危急的關頭，只見一名侍從奮勇地撲向一名刺客，並死死地抱住他，大聲地對將軍說：「快離開這裡！」將軍剛離開房間，就聽見「砰砰砰」幾聲槍響，這名侍從倒在血泊之中，聞訊趕來的侍衛將這兩名刺客擊斃。而這名捨身救主的侍從，正是半年前，將軍赦免的那個為他沖洗澡水的小兵。

隔天早上，將軍對總管說：「感謝你在半年前考慮周到，引導我赦免那位小兵的死罪，否則，昨夜倒在血泊中的人就是我了。」

對犯了錯誤的部屬，要以一顆寬容的心待之，如此一來，曾經被你原諒的部屬，就會在關鍵時刻，死心蹋地地為你效命。

#管理盲點32：部屬犯了嚴重過錯，一定要嚴懲？

雖說部屬犯了嚴重過錯，必須嚴懲，才能遏止部屬繼續犯同樣的錯誤，但是，卻不能在動怒的情況下，做出嚴懲部屬的決定，因為在動怒的情況下，所做出的懲罰決定，往往都摻雜著私人情緒的成分。

33、用「夢想」留住對公司有幫助的人才

#不要管太寬：只要引導員工朝著公司未來的願景前進

有時候，企業的管理者用「夢想」比用「金錢」來留住人才更有效果，因為每個員工每天那麼辛苦的工作賺錢，除了為了讓三餐溫飽之外，另外，就是想透過工作來實現自己的「夢想」，因此不要管太寬，只要可以將公司的願景跟員工的夢想做結合，就可以有效地留住企業想要的人才。

井植薰在三十八歲的時候，結束了在松下電器長年的工作生涯，跟大哥井植歲男一起成立三洋電器公司，井植歲男出任董事長，井植薰也成為公司的第二號人物，一九四七年，他們創辦了只有十幾名員工的三洋電器工廠，一開始生產自行車車燈做為公司的主要產品。

在三洋正式成立後，井植薰用有點擔憂的語氣向大哥井植歲男說：「大哥，我們的公司剛剛起步，無論是資金或是技術都比不上原有的一些廠家，我們要預做規畫留住公司裏的優秀人才

啊！」井植歲男也用「未雨綢繆」的擔憂語氣，回說：「是啊，我們要防備外部搶人才，公司沒有一批忠於工作的骨幹，就不會有出路，可是我們又沒有足夠的錢來安下他們的心……」

「想留住優秀人才，光是靠薪水只怕是不夠的，雖然我們沒有別家公司有錢，但是我們可以給他們前景和希望，讓他們來完成它。」井植薰說。

「給他們前景和希望？讓他們來完成，你是說……畫一些無法在短期之內實現的願景嗎？」井植歲男問說。

「對，目前對我們來說，這是最好的辦法，而且，所有員工會跟著我們一起完成那些在短期之內無法完成的願景！」井植薰自信地說。

「既然你這麼有信心，那你就立即開始著手去辦吧！」井植歲男回說。

井植薰召集公司高階主管人員和技術人員一起開會，他在會上做了精彩的演說：「三洋公司剛成立不久，就可以在市場慢慢站穩腳步，都是靠著在座各位的努力，我們是抱著讓三洋變得越大越好的目標才走到一起的……我知道在座的，有很多人可以到別家公司獲得更高的報酬，但是卻都沒有去，那是因為心中有一種讓三洋變成日本第一的使命感，而不會只圖眼前利益……有些公司雖然資金雄厚，但他們缺少有使命感的員工來幫他們開拓事業，因此，他們只是外表看起來強大，沒什麼好怕的……」

井植薰語畢，看著與會的員工，頻頻點頭附和他剛才所說的那番話，於是，他接著繼續說：

「現在，三洋的條件雖然差一點，但是，沒有暗礁哪能激起美麗的浪花，也就是三洋絕對是一個可以讓大家一展抱負的地方，而我們的理想就是把三洋變成名符其實的三洋，這是我們義不容辭的責任，只要我們團結一心，向同一個目標前進，就能無往而不勝……」井植薰的這篇演說，成功地讓三洋電器的人員在艱難的創業年代，就像拴在一根繩上的螞蚱，榮辱與共，安心地工作著。

管理便利貼

管理者應該摒棄目前為員工所厭惡的，以檢查和控制為主的管理，而應創造一種順應員工這種心理，以及有利於工作順利進行的新制度。

熱愛工作，為工作獻身，這是推動高績效體系的原動力。如果你讓員工擁有夢想，那麼他們工作的目的就不會是單純為得到報酬或害怕受到處罰，但是，擘畫讓員工擁有夢想的願景，並不能只是嘴巴說說而已，而是必須有計畫地跟員工一起去實施這個你為員工一手打造的願景。否則，員工會認為你只是在「打嘴泡」，你只是在畫一個看得到卻吃不到的「大餅」，久而久之，員工就再也不會相信你跟他們說的任何「願景」，更別說是要他們在你提出的這個「願景」之下，貢獻他們的時間和心力。

#管理盲點33：幫員工加薪是留住員工的最好方法？

很多公司的管理者，一遇到有優秀員工遞出辭呈，想另謀高就，第一個反應就是提出加薪的條件來慰留這個想要辭職的員工，其實這種用「加薪」來留住員工的方法是一種最差的方法，因為，或許你可以用加薪的方法來留住這個員工的人，但卻無法留住這個員工的心。

34、打造公平的工作環境，是主管應該做的事

#不要管太寬：只要讓員工做好他份內該做的事

如果想讓員工的工作順利上軌道，並不需要管太寬，也就是千萬不能用你的嘴巴去管員工，而是要讓員工自己動手去做，如果在這種情況下，員工還是用盡各種藉口，不想動手去做，那就只好請他捲鋪蓋走路。

有個叫做阿土的農夫趕著兩頭滿載稻米的牛車，在回家的過程中，發現前面的那輛牛車走得超快也很輕鬆，而後面的那輛牛車卻慢吞吞的，而且感覺非常吃力，因此經常要停下來，等後面那輛牛車。

阿土見狀，心想照這樣的速度走下去，可能天黑之前也無法回到家，於是就索性把後面這輛牛車的稻米移到前面那輛牛車上……

然而，車上的稻米被移空的牛，內心暗爽，心想：「我和前面拉車的那頭牛住同樣的牛棚，

吃同樣的草料，而牠卻幫我載稻米，讓我輕鬆的要死，這下子，我真是賺到了啦！」

前面牛車載滿稻米的那頭牛，卻沒有一絲怨言，雖然車上的稻米重量加重了一倍，仍然任勞任怨地把稻米拉回家，而車上沒有載稻米的牛也跟在後面，快樂地回到了家。

回到家後，阿土拿了上好的草料來餵那頭載稻米回來的牛，卻對那頭拉空車回來的牛不聞不問。阿土的老婆見狀，便用納悶的語氣問說：「老公，你怎麼把所有的草料，全部拿來餵這頭牛呢？那麼另一頭牛怎麼辦？」

阿土回答說：「老婆，妳有所不知，這頭牛幹了兩頭牛的活，當然兩頭牛的草料都該歸牠。還有我不能白養不幹活的牛，明天把那頭不幹活的牛，牽到市場去賣給批發牛肉的肉販。」

管理便利貼

只要是人都會有惰性，都會想佔便宜，都想要不勞而獲，因此，當你發現你的部門員工經常會將自己份內的工作推給其他同事做，身為主管的你，就必須做出斷然的處置，以營造一個公平的工作環境。

前述故事中的阿土飼養牛是用來拉貨的，不能承擔拉貨工作的牛，當然不能白白地浪費草料，在職場也是一樣，如果你的員工，一天到晚只會把你交代他的工作推給其他同事做，也就是只想領薪水，卻不想承擔起應負起的責任，那麼你就必須跟前述故事中的阿土賣掉不幹活的牛一樣，毅然決然地開除這個員工。

「天底下沒有白吃的午餐，想要達到目的，必須付出代價。」其實，一個主管最重要的工作，就是讓員工做好他份內應該做的事，如果員工不想做、不願意做，甚至將自己應該做的事推給其他同事，那麼身為主管的你，就必須斷然做出將這個員工開除的決定，否則，對其他競競業業努力工作的員工並不公平，而且如果你不去處理那些只想白領薪水，卻不願意做事的員工，可能會讓那些認真工作的員工萌生去意。或許有些人會說，在這個天底下，本來就沒有絕對公平的事，但是身為主管的你，就必須盡量做到讓員工覺得公平，也就是讓員工覺得你是一個「賞罰分明」的主管，如此一來，員工才會願意在你的手下為你賣命工作。

#管理盲點34：只要將工作交代給員工，員工就會乖乖地去做？

一般的管理者總會認為只要將工作交代給員工，員工就會乖乖地去執行你交代給他的工作，其實這是不夠瞭解人性的主管才會有的天真想法，因為人都是有惰性的，也就是如果你在交代完工作之後，不拿「鞭子」在一旁督促員工，員工是不可能主動積極的去做你交代給他的工作。

35、不要干涉部屬之間的競爭

#不要管太寬：讓部屬自己去良性競爭

在競爭激烈的企業，部屬為了力求表現，互相競爭是很正常的，因此，部屬之間只要不是惡性競爭，那麼身為主管的你，就不需要管太寬，也就是不僅不該出手干涉，而且，還應該樂觀其成。

一個人要有自知之明，才不會不自量力，中了故意捧你的人的詭計。

有次，獅子王決定要辦一次「選秀大會」，其目的就是要選出輔佐自己管理和統帥百獸的宰相，猴子自告奮勇地站了出來，牠對獅子王說：「大王，我擁有使百獸團結在您身邊的本事……因此，我是出任您的宰相的不二人選！」

獅子王說：「你有什麼本領能讓百獸團結在我的身邊呢？」

猴子說：「我最擅長的就是耍猴戲的表演，而我的表演能吸引所有百獸前來觀看，這樣一來，大王您不是能夠很方便地統帥百獸嗎？」語畢，猴子表演了拿手的猴戲，百獸們十分讚賞，對猴子的提議沒有異議。

但是，狐狸卻不以為然，牠上前對獅子王說：「大王，我認為猴子除了擅長耍猴戲以外，對如何管理百獸一無所知，牠怎麼能夠當一個輔佐您的宰相呢？」

獅子王聽完狐狸的話，內心似乎有所盤算，於是牠問狐狸：「照你這麼說，那你認為應該推選誰才最合適呢？」

狐狸回說：「大王您別著急，請給我兩天的時間考慮。」

獅子王淡定地說：「好吧！本大王就給你兩天的時間。」

兩天的時間一轉眼就到了，這天狐狸來到了猴子的府上，誠摯地為前天牠在獅子王面前，反對猴子出任宰相的事道歉。狐狸對猴子說：「經過兩天的考慮，我認為放眼其他百獸，除了你以外，沒有一隻動物比你更有資格當大王的宰相，我在此要為那天在大王面前所說的話向你道歉，並向大王鄭重地推薦你當牠的宰相。」

猴子一聽，非常高興，狐狸接著說：「為了表示我對你道歉的誠意，我特地在樹林裏放了兩塊上好的鮮肉準備獻給你。」猴子聽了，高興地隨同狐狸一塊去取肉，豈知猴子一拿到肉，立刻觸動了機關，被困在獵人佈下的捕獸器裏。

狐狸卻不聲不響地請來獅子王，指著被困的猴子對獅子王說：「大王，像猴子這麼沒見識，還大言不慚地說要做輔佐您的宰相，真是天大的笑話。」

從頭到尾在一旁故意放任狐狸去鬥猴子的獅子王，最後選擇了鬥贏猴子的狐狸當牠的宰相。

管理便利貼

優秀的管理者對於本身工作的學能，必須以具備真本事為出發點，否則，如何能有效地展開工作呢？

猴子和狐狸的故事給了我們一個很好的啟示，企業管理不是一件簡單的事，要管理好一個企業，要使一個企業能高效地運轉，任用的部屬沒有真正的本事是不行的，像猴子那樣，連自己的性命都保護不了，怎能勝任管理百獸的工作。

日本經營之神松下幸之助締造松下電器王國，是他從製造銷售插座、電燈泡一步一步幹起來的；被譽為全球第一CEO的通用電氣掌舵者傑克．威爾許，也是從最普通的工人而一步一步走上權力巔峰的；另外，締造龐大微軟帝國的比爾．蓋茲，也沒有多少程式高手能望其項背；而松下幸之助、傑克．威爾許以及比爾．蓋茲有一個共同的領導本事，那就是他們都會讓自己的部屬去良性競爭，然後再從部屬的競爭過程中，挑選出最有能力的部屬來賦予重任。

換言之，挑選具備紮實本職學能的部屬，是有效管理的先務。

#管理盲點35：認為管理是萬能的？

大部分管理者都認為管理是萬能的，也就是只要懂得「管理」，到哪裡都行得通，因此才會以為，只要在這個企業有傑出的管理績效，到另一個企業同樣可以創造亮眼的績效，但其實這是一般管理者都會犯的管理盲點，因為你不可能叫一個開滷肉飯連鎖店的老闆，用管理滷肉飯連鎖店那一套去管理一家電腦公司。

第六章

不要管太寬：才能透過簡化管理層級來提升執行力

疊床架屋的管理層級，是大大妨礙簡潔、迅速溝通的殺手，而且，這些多餘的層級不過是在浪費時間，並且需要管理者去推動他們運轉，因此，如果想要有效提升執行力，就不要管太寬，以簡化管理層級。

36、用督促員工學習來代替管理

不要管太寬：只要督促員工不斷學習

越是擁有大量人才的公司，越容易退化成一個由傲慢、極端獨立的個人和小組組成的混亂團隊，因此，如果想讓混亂的團隊蛻變成一個學習組織，那麼就不要管太寬，只要督促員工不斷學習來凝聚對公司的向心。

美國有不少分析專家認為「通用電氣」在傑克．威爾許到來之前，由於公司的複雜和多樣化並不好管理。但是，威爾許並不同意這些專家的分析，他堅定地認為，透過他創造的「好學精神」，「通用電氣」的多樣與複雜，非但不是公司前進的阻力，反而可以變成助力。

「通用電氣」在全美以及全世界，長期以來都是一個多元化的機構，它製造發電機、燈泡、飛機發動機以及機車；「通用資本」是全美最成功的金融服務公司之一；NBC則是全美主要的電視網之一，因此，可能有人會問，在「通用電氣」某一事業部的人，如何從另一個完全不同的事業部學到東西呢？而且，有許多人也懷疑這樣一個擁有三百五十個事業部的巨人，怎麼能夠有效地交換資訊。

威爾許的回答是，這些事業部並不是完全的不同，他經常期許員工們不要把事情搞複雜，在九〇年代中後期，威爾許開始注意「通用」員工互相學習，以及向外部學習的需要。

因此「通用電氣」在威爾許上任以來，從克萊斯勒和佳能學到了新產品推銷技術，從通用汽車和豐田學到了有效的資源管理技術，從摩托羅拉學到了質量行動。

傑克．威爾許說：「抓住好創意並應用它，不要管它來自何方，這都是一件很體面的事。」因此，威爾許非常自豪，「通用電氣」沒有發明質量行動，質量行動是摩托羅拉發明，聯合信號把它深化，而只有「通用電氣」真正採用了它，而這種用別人發明的行為並沒有什麼不對的，而且是一種美德。

另外，傑克．威爾許將以下三項公司業績的提高，歸功於企業的「好學精神」。

一、公司盈利：整個八〇年代僅僅是一位數的增長，而自一九九二年以來，則保持了二位數的增長。

二、營業利潤率：在過去的一百年保持在百分之十以下，而在一九九八年已提高至百分之十六點八。

三、存貨周轉率：在過去的一個世紀總共四次，而現在已達到九點二次。

管理便利貼

著名管理學家彼德．聖吉說：「進入九〇年代，最成功的企業必定是學習型企業。」這句話告訴我們，學習是創新的基礎，一個透過學習來改頭換面的團隊，才是創新的團隊。

傑克．威爾許更引以為自豪的是，「通用電氣」的各個事業部共用許多東西，譬如汽車事業部與交通系統事業部合作改進X射線管技術；通用資本事業部向所有事業部提供先進的融資服務；汽輪機事業部與飛機發動機事業部共用製造技術，以及技術、設計、人力報酬和評價系統、工藝流程、客戶及國家資訊。另外，還有一個例子說明「通用電氣」的事業部怎樣互相學習，這個例子就是：醫用系統事業部的服務人員，掌握了透過搖控監測正在醫院使用中的通用電氣CT掃描器的技術，有時在網上發現並維修將要出現的故障，有時甚至在客戶發現問題之前已把它修好了。

而醫用系統事業部將此項技術轉讓給其他通用事業部，如噴氣發動機、機車、發動機及工業系統、電力系統，帶動「通用電氣」所有事業部的績效。

現在「通用電氣」的各個事業都可以監測諸如：飛行中的噴氣式發動機、牽引中的機車、運動中的造紙廠、在客戶電廠中的渦輪機……等等的狀況。這項技術透過更換已安裝的通用電氣設備，給「通用電氣」帶來了數十億美元的服務生意。

#管理盲點36：組織越龐大，越不好管理？

數年來，華爾街總是愛批評類似「通用電氣」這種龐大的組織，說這些所謂散亂的團體缺乏一致性，但是，威爾許卻強調了這樣一個概念，整合起來的多樣性能使「通用電氣」更一致，至少可以釐出之所以這樣龐大和多樣的理由。

37、簡化管理層級來提升執行力

#不要管太寬：可以「一鍵」管理，就不要採取「層層」管理

疊床架屋的管理層級，是大大妨礙簡潔、迅速溝通的殺手，而且，這些多餘的層級不過是在浪費時間，並且需要管理者去推動他們運轉，因此，如果想要有效提升執行力，就不要管太寬，以簡化管理層級。

住在同一家旅館的小張、老李和阿福，在早上離開旅館時，發現外面下起了濛濛細雨，於是，小張拿了一把傘、老李拿了一根枴杖，阿福則是空手出門。

小張、老李和阿福在晚上回到旅館時，讓人大吃一驚，拿雨傘出去的小張被雨淋成落湯雞，而拄枴杖出門的老李摔得渾身是泥，只有空手出門的阿福什麼事都沒有；小張和老李兩人納悶地問阿福這到底是怎麼回事？

阿福並沒有立刻回答，而是反問他們為什麼帶雨傘和枴杖出門，還會搞成這副狼狽的模樣呢？

小張說：「下雨的時候，因為有雨傘，所以就撐開傘大膽地在雨中走，遇到道路泥濘的地方，因為沒有柺杖，所以走路格外小心，所以就會淋濕了而沒有摔跤。」

老李說：「下雨時，沒有雨傘，我就挑選能躲雨的地方走，泥濘難行的地方我拄著柺杖走，但這東西在雨天不管用，所以就摔了一跤。」

這時阿福哈哈大笑說：「下雨時，由於沒有雨傘，我只能挑能避雨的地方走，而路不好時，我就會十分小心地走，所以我既沒有被淋濕也沒有摔著。」

管理便利貼

層層分級的管理層級，可以排除家族所有制的弊病，阻止了個人肆意武斷處理工作的可能性，嚴格分離高階管理者的公務與私務，從制度上保障了這種管理形式按照理性的方向發展。

上述故事，小張害怕淋雨而帶雨傘；老李害怕摔跤而拄柺杖，這原本就無可厚非，而且相當正常，然而，最終的結果卻並不如想像的那樣，反而是什麼都沒帶的阿福沒有被淋濕也沒有摔跤，這一點很值得企業管理者深思，也就是很多管理者面對問題時，往往會在防範於未然的情況下，設置了過多「未雨綢繆」的管理層級，而且，往往會以為自己已經做了層層管理層級來「未雨綢繆」，因此降低自己原本就必須具備的「心防」，到頭來，讓自己落到跟前述故事帶傘的小張和帶枴杖的老李，被雨淋濕和摔跤的窘境。

事實上，許多大公司設立了太多的管理層級，因為，它具有一些技術性的優越特徵、組織的完善化、職務等級序列，上級監督下級，由此確定規章規定各自的許可權和職責，確立了對工作分級審理的模式，以及職務活動的制度化，並且依據檔案處理事務，遵照各項制度的要求進行職務活動，強調職務活動的公務性質，以及限定執行職務的時間性，使履行的職責規範化。

但是，這種管理制度本身包含著一些非理性的成分，例如，分級審理原則的貫徹，必然會帶來陡然增多的檔案數量；強調履行職務活動必須在檔案形式上過分地要求，反而會使執行工作的效率低下，大大地降低了員工的執行力，以及連帶影響了企業的競爭力。

#管理盲點37：嚴格按照規章制度來執行工作？

法規明確規定了管理者的許可權和職責，可能產生對管轄以外的事漠不關心和互相推諉的消極現象；然而，處理工作嚴格按照規章制度，意味著人際關係為競爭的關係，這可能會帶來官僚式的冷漠態度。

38、懂得如何「用人」才能將「廢材」變成「幹才」

#不要管太寬：只要瞭解每個部屬的能力

如果人事安排得當，管理者不用管太寬，只要瞭解每個部屬的能力，適時地截長補短，員工就能以愉快的心情工作，創造出驚人的業績。

將所有的能力精幹者組織起來的部隊，不一定能夠擁有很強的戰鬥力，就像以下故事中的約翰雖擁有精幹勇猛的團隊，但沒能組織協調好，最後敗給率領殘兵敗將但卻組織有方的拿破崙。

從小時候就智力超群、膽識過人的拿破崙，由於生性孤僻，對人冷漠，因此，許多和他同齡的小孩都對他敬畏三分。

有天，一個叫約翰的小孩決定教訓一下拿破崙，他想出了一個打仗遊戲，他先不動聲色把所有比較勇敢，個頭比較強壯的小孩集合到他這一隊，然後率領著這幫小孩氣勢洶洶地來到拿破崙面前，向他下戰帖。

約翰用輕蔑的語氣對著拿破崙說：「喂，矮個子，敢不敢和我們玩一場打仗的遊戲嗎？」

「哼！有什麼不敢，我根本就沒有把你們看在眼裏。」拿破崙胸有成竹地對約翰說。

於是，拿破崙就把約翰挑剩的一些弱小的小孩召集起來，這些小孩原本不願和拿破崙同一隊，但怕拿破崙會在事後找他們麻煩，所以只好勉強答應加入。

打仗遊戲開始之前，拿破崙做了周密佈置，他把小孩分成幾個小組，一個小組負責構築防禦體系，一個小組負責「彈藥」武器，一個小組就在拿破崙的率領下衝鋒陷陣。

拿破崙在完成小組的編組之後，就發布命令：「每個小組都必須完成任務，違者軍法懲處。」接下來就細心地佈置了戰術。

打仗遊戲開始之後，由於拿破崙在事前做了精心的準備，各個小組之間協調得有調不紊，打起仗來很有章法。

反觀由約翰組織的勇敢小孩部隊，由於缺乏有效的協調，每個人各行其是，因此戰力雖強，卻始終無法凝聚在一起。

剛開始時，交戰雙方尚成齊鼓相當的態勢，隨後由於約翰這一隊，沒有專門的小組負責「彈藥」補給，很快的他們的「彈藥」就用盡了。

因此，在拿破崙這隊強大的「火力」輪番砲轟之下，無力招架的約翰部隊只好紛紛抱頭鼠竄。

管理便利貼

一些企業由於糟糕的人事安排，根本就沒有什麼一貫的選才用人的標準，致使一些才華橫溢的員工大受其害。

「士兵有權利得到能夠勝任領導他們的統帥！」這是朱利斯．凱撒時代一個古老格言，一個企業內部無論哪個部門，如果出現了人事安排不當，多頭馬車，使員工們無所適從的情況，員工們的情緒就會低落，無法發揮自己的效率。

然而，卻不乏有這樣的管理者，他們十分慎重地對待人事決策，在事前對這些決策做出仔細的推敲，並自覺地遵循一些相關的準則。

管理者的責任，就是要確保公司中挑大樑的人能夠稱職，在管理者的所有決策中，沒有哪個決策與人事的決策同等重要，因為公司所有關於人事的決策，決定了公司能否有績效，而管理者必須為這些決策負百分之百的責任。

譬如，管理者如果給某個員工安排一項工作，而這個員工做得很不出色，那麼沒有什麼可抱怨的，這是管理者的過錯，因此不必責備這個員工，是管理者自己犯了「用人不明」的錯誤。

#管理盲點38：破格拔擢新人到重要職位上？

不要給新進人員安排新的重要工作，因這這樣做過於冒險，應將這類工作交給一些你所瞭解的，且已在你的部門中工作績效獲得肯定的人，然而，可以將優秀的新進人員，安排到一個既有的職位上，在這一職位上，由於大家對他的期望一目瞭然，因而易於獲得所需要的幫助。

39、在最困難的時候，選擇跟員工站在一起

#不要管太寬：只要在關鍵時刻扮演推動員工前進的人

一個稱職的管理者，並不是高高在上只會動動嘴皮子，大事小事都想管的人，而是不會管太寬，懂得在關鍵時刻站在員工背後，推動他們前進的人。

有次，特戰隊長湯姆率領著他的八名隊員，駕著一艘快艇準備到某個小島執行任務，當他們在海上航行了四個小時後，他們的快艇突然在海面上劇烈地巔簸了一下，差點把艦艇上的所有人掀翻在海裏。

「我們的快艇觸到暗礁了。」其中一名隊員驚恐叫道。

「我們的快艇底部被暗礁撞破一個窟窿，海水已慢慢地從小艇底部湧了上來……」另一位隊員神情慌張地說。

快艇上所有的隊員都被這突如其來的事故，嚇得目瞪口呆，等驚醒過來，所有人都投入到與

海水的搏鬥中，他們找來一切可以用來盛水的工具，拚著老命地把快艇裏面的水往外舀，但所有的努力都於事無補，由於窟窿太大，湧進了大量的海水，以致於將艇艙庫房裏面的救生衣全部沖到海上。

這時，其中一名隊員匆匆走進艇艙，雙手捧著僅剩的一套救生衣，對著隊長說：「隊長，這艘快艇恐怕沒得救了，趕快穿這套救生衣趕緊逃命吧！」這名隊員說完之後，眼光露出絕望的神色。

這時，只見隊長一把抓過救生衣，奮力地把它拋向大海，並大聲地對隊員說：「這裡沒有隊長，我和你們所有人都一樣，都是特戰隊的一員，我們只要還有一線希望，就要奮戰到底，就算會死，我也要和你們死在一塊。」

所有的隊員見到隊長將救生衣拋向大海的舉動，都驚得張大嘴巴說不出話來。

「還不趕快舀水……趕快找東西堵住窟窿……」語畢，隊長帶頭拿起水桶奮力地將艇艙裏面的水，一桶一桶地往外舀到海裏去……

所有的隊員見狀，都激動得熱血沸騰，個個爭先恐後，紛紛拿起水桶拚命地將艇艙裏面的水往外舀……

經過近一個小時跟大海的激烈搏鬥，艇艙裏面的水漸漸減少，而且有名隊員幸運地從艇艙裏面找到一塊大約五公分厚的鋼板，於是他們合力將鋼板抬到甲板上堵住會湧進海水的窟窿，這才止住了湧進艇艙的海水，快艇上的人也才得救。

這名隊長在最困難的時候，選擇和隊員同生共死，這是何等恢宏的領導氣度！

管理便利貼

管理者按照自己的意思，命令部屬依照自己的想法去做，而部屬也能順從命令，確實做好每一件事，這是事業成功的保證。

一般的企業裏，總是把管理者和員工的界限分得很清楚，員工必須服從管理者的命令，管理者就是讓人望而生畏的權威者，這種只會用嘴巴指揮部屬，凡事管太寬的管理者在強調「以身作則」的今天，並不能讓員工心服口服。

換言之，如果員工只知道一個口令一個動作服從命令的話，而不知為何而戰？為誰而戰？將無法獲得最後的勝利，因為在這種沒有思考的僵化情況之下，進步與發展都無從產生。

然而，為什麼會出現上述情況呢？關鍵的內在問題還是管理者和員工之間有一條清晰的界限，這條界限阻礙著彼此間的正常交流，如果管理者能夠摒棄階級的「權威」元素，這種情況自然就不會存在。

因此，管理者想讓員工在依據指示的情況下，還能自動自發地做好每一件事，必須在下達命令之前，先傾聽員工的意見，而且不僅要聽，還要問員工到底有沒有聽懂自己的意思，如果發現員工不能充分瞭解自己的意思，便要加以說明，闡明問題癥結所在，等到員工完全領會之後，才毅然下令執行。

#管理盲點39：希望員工可以「一個口令一個動作」？

接受命令的人，如果事先對命令有所瞭解，就等於是心理上有所準備，這與被迫服從命令的情況完全不同。

40、教導下屬「如何做」之前，先要求自己率先做到

#不要管太寬：再去要求員工會比較有效果

主管對事情的想法和工作的態度，全部都會以直接、間接的方式傳授給員工，並形成工作場所的氣氛，因此不需要管太寬，因為主管平時的舉動，員工們會主動地在有意識或無意識的情況下，加以吸收和消化。

日本三洋電機創辦人井植薰曾說：「使自己成為一個合格的三洋人，標準只有一個，那就是能不能造就自己？」也就是能不能使自己成為公司中「優秀的人」，正是這樣「優秀的人」為三洋電機帶來了豐碩的成果。

「不能製造優秀的自己，何以談得上製造優秀的人，優秀的自己製造出優秀的人，再由優秀的人去製造優秀的商品，以及更優秀的自己和更優秀的他人，即是三洋的特色。」以上這段話就是井植薰的「欲善人，先善己」的經營哲學。

而這種「欲善人，先善己」的觀念已不只為他一人所有，早已被三洋全體員工所接受，並在三洋永續發展的過程中，被賦予全新的內涵。

有句話說：「一個人只有先造就自己，才能有資格去造就別人。」也就是一個管理者只有懂得這個道理，才會懂得如何造就自己，進而才能去造就他的部屬和周圍的人，如此一來，就有更多的優秀的人和優秀的商品被造就出來，從而造就企業的迅速發展和壯大。

「欲善人，先善己」，在三洋公司已不是說說而已，三洋公司的員工不只滿足於做好本職工作，而是做得更多更好。每一個被提升的人，都是因為他們不僅完成了自己的工作額度，還超額完成了，而且在公司需要而沒有明確要求時，員工就會主動投入本職以外的工作，而這種主動投入工作的「榜樣」作用是不能忽視的，這些人帶動了三洋的全體員工，他們都以公司的主人身分來為公司工作，努力將自己匯於公司集體力量的洪流，共同努力追求臻善臻美的工作效率。

管理便利貼

一個員工想提升自己，就必須用更高層次的標準來主動要求自己，如此才能造就更完善的自己。

井植薰看到了「造就自己」的重要性，看到了以身作則、身先士卒、模範表率作用的重要性，他在教導下屬「如何做」時，總是先要求自己能率先做到，正如他在一次談話時所講的：「要是認為公司規則只是為一般員工制定的話，那就大錯特錯了，它應該是公司所有人都必須遵守的規則，包括部門經理、總經理、公司的總裁、董事長在內的高層管理、決策者，如果認為自己是總經理、董事長，下面的事有人完成就忙裏偷閒，晚幾十分鐘上班，心想『反正沒有人能管到我，只有我管到別人的份』，那是絕對行不通的。」

對於井植薰來說，一天除了睡覺之外都在思考公司的事情，因此他要求公司所有主管外出時，必須留下自己的去處，或出去後打電話給公司，向公司人員告知有什麼急事，可以打電話到哪裡哪裡，以便讓他可以隨時找的到。

由於，當時還沒手機等先進的通訊工具，井植薰在下班之後，一旦有急事，想找某個主管，就會打電話到這個主管的家，如果他的家人回答「還沒有下班」，可是公司裏又沒見到他的人，沒有人知道其去向，他就會在隔日訓誡這個主管。

而對於一般員工，井植薰不會用要求主管的方式來要求，只要求他們「八小時上班的時間，把心放在工作上就夠了。」因為，井植薰認為如果一個員工下班後，一跨出公司就完全將公司的事拋諸腦後，去過自己喜歡的生活，不懂得主動撥一些時間來思考工作的事，那一輩子就不可能提升為主要職務，只能夠以低階員工告老退休。

#管理盲點40：管理員工時，將「合情」擺在「合理」前面？

事情總是這樣，並不都是合情又合理，有時合情就不合理，合理就不合情，在兩者衝突時，一個卓越睿智的管理者總是將事理排在第一位。

41、用「知識管理」讓員工主動提升自己的創新能力

#不要管太寬：只要做好員工的「知識管理」

知識管理就是透過知識的創造、識別、共用和利用，可以在不需要管太寬的情況下，讓員工主動提升自己的本職學能和創新能力，以提高公司在市場的競爭力和市場價值。

一般來說，「知識管理」所具備的涵義，包括為提高企業競爭力，對知識的識別、獲取和充分發揮其作用的過程、運用集體的智慧提高應變和創新能力、以及實現顯性知識和隱性知識共用等等。

在《財富雜誌》世界五百大當中排名第兩百零九名的美國施樂公司是一家生產影印機的跨國企業，九〇年代以來，施樂公司建立了完善的知識管理體系。曾任施樂公司董事長兼首席執行官阿賴爾說：「現今的美國經濟之所以如此強盛，是因為企業能不斷學習和擺脫不再適用的陳舊模式。」

然而，施樂公司的知識管理主要包括以下三點：

一、加強人力資本管理：知識管理首先是人力資本的管理，包括人員培訓和職涯規畫，公司把每個職位的工作指南放在知識庫中公布，每個職位都可以按這個工作指南提高技能，並且將人力資源情況，以及員工的建議存入知識庫，開創家庭式辦公環境。

二、管理售後服務的知識共用：開發高功能易攜帶電腦，儲存全部產品的診斷和維修知識，每個技術人員都配備維修電腦；建立維修知識系統，累積、診斷、交流維修經驗；維修人員可以將新問題、新方法及時存入維修知識系統，並且對全公司的技術人員開放，促進知識共用。

三、設立知識主管：知識主管是一個富有挑戰性的工作，他的任務是協調公司的知識管理與發展戰略，透過制定和實施知識議程，最大限度地創造、發掘、利用各種知識，促進知識共用和組織學習，培育學習和創新文化，提高企業的競爭力和市場價值。

管理便利貼

所謂「集合眾智，無往不勝。」然而，企業要怎樣做才能更有效地「集合眾智」？其實，「知識管理」是不可或缺的重要環節。

施樂公司的知識管理體系主要的內容是建立知識管理網路，公司設立了知識創新內部專門網址，取名為「知識地平線」，以促進員工對知識管理的理解和執行。

「知識地平線」主要包括知識管理新聞、虛擬工作室、資訊收集、知識收集、相關網站等等，以及對美國其他機構的知識管理者進行訪問，建立由美國、歐洲和日本等一百名知識管理者組成的虛擬研究小組，來發展「知識創新」研究，而這些研究小組的成員多數是世界五百大中負責知識管理的經理。

另外，建立人力資源情況，每個職位所需要的技能和評價方法，公司、分公司內部資料，歷史事件資料、客戶資訊、主要競爭對手和合作夥伴的資料，內部研究文獻和研究報告等的企業內部知識庫，以及建立客戶資訊系統，全面瞭解客戶資訊，譬如記錄與客戶交往中的重要事件，特別是不愉快事件；記錄與客戶的每一筆交易，存入知識庫；延長銷售人員為客戶服務的年數，以便來管理行銷過程的知識。

最後值得一提的是，施樂公司鼓勵其在世界各地分公司發展知識管理，因此，施樂加拿大分公司、法國分公司……等等，都積極探索知識管理的經驗，並與總公司共用知識管理經驗。

「管理知識是把知識當作管理的物件，知識管理則把知識當作管理的資源。」知識管理要求實現組織的知識共用，充分發揮集體智慧和知識的作用，以提高創新效率和競爭能力。

#管理盲點41：第一線員工不適用「知識管理」？

「關鍵知識的系統管理，包括知識的創造、收集、組織、擴散、應用和利用。」通俗地講，知識管理就是管理知識，企業管理者透過管理知識，去創造新的價值和財富，「管理知識」是一種行為，如圖書館第一線管理員的工作就是管理知識，因此，公司的第一線員工絕對適用「知識管理」。

42、「兵不厭詐」是鞏固領導地位必須使用的手段

當你面對實力不相上下的競爭對手，有時候必須「兵不厭詐」使出一些不得不使用的手段，打敗競爭對手，讓部屬在你不用管太寬的情況下，也會對你心服口服。

#不要管太寬：只要適時使出一些不得不使用的手段

在森林中，萬獸們決定舉行一次馬拉松的長跑比賽，來決定誰才是這個世界跑得最快的動物，誰在比賽中勝出，將獲得象徵動物界最高榮譽的「閃電戰士」勳章。

獅子、老虎、豹、狼、野馬、兔子、雄鹿、袋鼠、狐狸……等等，都不甘示弱地報名參加這項比賽。

在比賽前夕，獅子發下豪語，自己一定可以打敗所有參賽的動物，而且，如果在這場比賽中，誰可以跑贏牠，牠就無條件讓出「萬獸之王」的寶座，因此，所有參賽的動物，為了獲得勝利，都在賽前進行自主性的艱苦訓練，因為牠們都想取代獅子坐上「萬獸之王」的寶座。

半個月後，這場比賽如期舉行，參賽的動物們整齊地排列在起跑線上，槍聲一響，動物們爭先恐後地向目標奔去。

剛開始的時候，動物們齊頭並進，黑壓壓的一片，看不出誰將獲得勝利，過了一段時間，漸漸地，獅子、老虎、豹、狼、野馬形成「領先集團」，將其他競爭者遠遠拋在了身後，無疑的，最後的勝利者將在牠們這個「領先集團」之間產生。

獅子、老虎、豹、狼、野馬爭奪得異常激烈，牠們交替領先，誰都不肯落後，眼看就要到達終點了，但誰勝誰負，現在還在未定之數……

這時，身為「萬獸之王」的獅子心想，這場比賽攸關到牠將來能不能繼續坐穩森林中的「老大地位」，因此，無論如何都輸不得……牠看著與自己齊頭並進的老虎、狼、豹和野馬，突然計從中來……

「有了，我何不把一旁的野馬撞倒，讓撞倒的野馬阻止老虎、豹和狼前進的速度呢？」獅子想到這裡，就用牠強壯的身軀猛地撞翻野馬，野馬的馬蹄絆在老虎的身上，老虎由於不能保持身體平衡也摔倒在地，而狼和豹沒有注意這突然的變故，便和野馬和老虎撞成一堆。

這時獅子邁開大步直奔終點，並不時回頭看看撞成一團的競爭者，最終獅子獲得了勝利，把「閃電戰士」的勳章掛到了自己的脖子上，也鞏固了自己在森林中的領導地位。

管理便利貼

企業管理者負有企業成敗的責任，因此，在攸關企業成敗的關鍵時刻，在應該採取必要手段的時候，千萬不能因為「原則問題」，而失去可以挽回企業頹勢的先機。

在企業競爭中也是一樣，你可以在企業現有的實力還沒有削弱，資金流動尚有保證，組織系統仍然健全的時候，競競業業地來經營公司，但是在公司面臨強烈競爭，公司的業務全面下滑之際，身為企業的管理者就不得不好好思考，如何在這個攸關公司成敗的關鍵時刻，像前述故事中的獅子一樣「兵不厭詐」，採取不得不採取的非常手段。

換句話說，高階的管理者最好盡早接受在關鍵時刻，「兵不厭詐」這個不可避免的現實，也就是在企業的元氣消耗殆盡之前，採取必要「手段」，讓企業的損傷減至越小，也進而鞏固自己在部屬心中的領導地位。

不幸的是，很多企業管理者在該採取必要的手段，猶豫不前，導致失去可以挽回企業頹勢的先機，原因很簡單，在攸關企業生死存亡的階段，不願採取必要手段的管理者會說：「我們怎麼可以為了搶訂單，就去陷害競爭對手呢？」或者是：「我們怎麼能夠讓優秀的員工，去搞那些見不了光的工作呢？」

高階管理者之所以上升到今天的職位，是因為他們在過去業績不凡，慢慢地，他們學會了順應自己的個人優勢來管理公司，因此，他們總是憑藉以前成功的經驗來制定公司的政策和應變策略，我們把這個「現象」稱為成功帶來的惰性，它可謂危險之至，因為，這些在過去業績上獲得成功的管理者，在應該採取必要手段時，會認為自己不必用那種手段，也可以安然地度過公司所面臨的危機。

#管理盲點42：同樣的方法可以解決同樣的問題？

環境變化，過去的優勢不再重要的時候，我們就不能按照「老辦法」辦事，該採取必要手段時，千萬不能猶豫，否則，你就會感嘆同樣的方法為何不能解決同樣的問題？

第七章

不要管太寬：部屬就沒有卸責的藉口

傳統的鐵腕型總經理，不可能營造一個團結一致的實幹型管理團隊，因為他們習慣於高高在上的領導，最後導致沒有命令就不會主動去做的結果，因此不要管太寬，才不會讓部屬有不主動去執行工作的藉口。

43、對平庸部屬仁慈，就是對自己殘忍

#不要管太寬：只要把對的人擺在對的位子

任何企業進行整頓，難免會裁掉元老舊人，破格任用後輩新人，但不論如何，身為負責整頓的管理者，只要掌握一個原則，那就是在整頓的過程中，不要管太寬，只要把對的人擺在對的位子。

對於一位沒有突出表現的部屬，尤其是一位沒有突出表現的主管，應該不顧情面地請他「另謀高就」，這是管理者的責任，也是應盡的義務，因為，如果讓沒有任何表現的人留下來，必將影響其他人員，而且對於工作表現卓越的人來說，也是不公平的。

克萊斯勒汽車公司，是美國一家實力雄厚的老牌汽車企業，曾經在美國汽車業，僅次於福特和通用汽車的第三大汽車製造商。

一九七九年，由於美國經濟每況愈下，石油危機再起，汽油緊缺，油價飛漲，汽車銷路大受

影響，再加上管理不善，導致克萊斯勒汽車公司再度虧損十一億美元，遠遠超過它在一九七五年創下虧損二點六億美元的最高記錄。

另外加上積欠各種債務更是高達四十八億美元，眼看就要關門大吉，然而，在此生死存亡之秋，底特律傳出一個驚人的大新聞：福特汽車公司總經理艾柯卡因與董事長亨利．福特二人不和，憤然辭職，並在辭職離開福特汽車公司之後，接受垂危中的克萊斯勒公司的聘請，出任克萊斯勒的總經理。艾柯卡新官上任後的第一把火就燒向公司經理層級，針對那些在管理經營方面平庸無能者，毫不手軟地全部撤換，一個不留，艾柯卡自一九七八年上任以來，公司高層的二十八名高階經理，就被他一口氣撤換了二十四個，史蒂芬．夏夫是二十八名高階經理當中四個倖存者的其中一個，但他也不免向旁人發牢騷說：「艾柯卡剛上任時，我做為最新任命的副總經理，按照傳統，開會時總緊靠董事長身邊而坐，而現在，我的座位越排越後，快到桌子的另一端了。」

管理便利貼

在人事管理方面，對能力平庸部屬仁慈的管理者，就是對自己殘忍，因此，面對能力平庸的部屬，該砍則砍，千萬不能手軟。

艾柯卡在克萊斯勒汽車公司，大膽起用新人敢於獨闢蹊徑。一般人認為，新人大都是年輕人，而在艾柯卡看來，若都照此取人也就拘泥於「一格」了。他所謂的「新人」，必須瞭解和懂得他本人所搞的那一套體系，換句話說，就是要「志同道合」，只要能「志同道合」，就算年齡已經到了「花甲之年」也屬「新人」。

另外，艾柯卡對福特汽車公司的老同事尤其偏愛，有的雖已告老還鄉，但只要用來得心應手，也都會破格任用，他當選為董事長之後，起用四十四歲的原來福特公司委內瑞拉子公司總經理吉羅德．格林活爾德擔任克萊斯勒公司副董事長；推舉六十三歲的保羅．伯格莫澤出任金融事務的執行副總經理，羅伯特．米勒主管北美汽車經營等等，都是艾柯卡一手提攜起來的「福特舊人幫」，而艾柯卡在「辭退庸人，起用能者」的情況下，徹底的大換班，使克萊斯勒公司又有了一個強有力的領導核心。

#管理盲點43：資深部屬再怎麼平庸，都比菜鳥部屬好用？

一般管理者都有一種「瘦死的駱駝比馬大」的盲點，也就是都以為資深部屬的能力再如何平庸，但是他們過去的工作經驗，足以勝過任何沒有經驗的菜鳥部屬。

44、打造激發員工熱情的工作環境

#不要管太寬：只要提供充滿挑戰性的創造力環境

想要激發每個員工的工作熱情，對員工管太寬，或是講一大堆大道理，是無濟於事的，管理者只要能夠提供充滿挑戰性的創造力環境，自然就會激起員工的熱情。

一般企業想要有效提升競爭力的關鍵問題，就是如何創造雇主和員工之間的關係，以及如何履行雇主和員工之間的承諾。

有些類型的管理者，雖然會履行該有的承諾，達到要求的績效，但是他們通常是從員工身上「榨取」績效，而非「激發」績效，然而，在急劇變化的環境下，現代企業需要組織裏的每一個人貢獻他們最好的創意，所以必須想辦法去激發出他們的熱情，而不是用恐嚇的方式去激發他們的創意，因為一般員工都無法承受壓抑和恐嚇的管理風格。要激發出每一個員工的熱情不是一件容易的事情，它需要管理者付出很大的努力，以下是幾項激發員工熱情的建議。

一、管理者要能虛心聽取員工的意見和建議，使大家「知無不言，言無不盡」。
二、對部下和員工要親切友善，並懷有關懷同情心。管理者親切隨和、笑容可掬、不擺架子，就會使員工感到老闆很有人情味。
三、對員工的薪水要盡量滿足，特別是在企業效益好的時候，誰來工作都是為了薪水而來，天下沒有免費幹活的人。

管理便利貼

傳統的公司管理層級在工人和老闆互不信賴的前提下，過於沉重和累贅，在這樣的公司裏，員工沒有共同的價值觀，這樣的公司是註定要失敗的。

在現在的企業裏，老是聽見員工說：「公司根本就不瞭解我的實力」、「上司沒有眼光，所以我再努力也得不到他的賞識」、「大家都無法欣賞我的能力」……等等的抱怨，這是最值得企業管理者注意的情況。

有位菜鳥神父去拜訪一位很久沒有到教會做禮拜的教友。

教友說：「如果每個教會的成員都積極樂觀，不勾心鬥角，我自然就會去做禮拜，問題是教會的成員們聚在一起，就喜歡說人的是非，甚至無所不用其極地相互詆毀，這樣充滿是非的環境，讓我的心感覺到非常疲累。」

菜鳥神父面對教友提出的問題，無言以對，因為他自己也覺得教會的是非問題很多，而這個問題已經持續了很久一段時間。於是，他沮喪地回去請有經驗的老神父出馬去說服那位教友回來做禮拜。

老神父去找教友，教友又把他的話重複一遍：「如果每個教會的成員不勾心鬥角，都能夠散發正能量，我就會去做禮拜。」

老神父聽完，反問這個教友：「你有看過這樣的教會嗎？」

教友想了想，搖頭說：「沒有看過。」

老神父說：「既然天底下沒有你想像的那種教會，還不如承認既定事實，趕快回到教堂去做禮拜吧！」

教友堅定地搖了搖頭，說：「我寧願不做教徒，也不讓教會成員的惡習污染到我身上。」

環境能夠造人，也能夠污染人，此所謂近朱者赤，近墨者黑。上述的教友很希望有一個積極向上的正面環境，然而，沒有任何一個教會能夠提供這樣一個環境，於是這位教友選擇放棄了，無疑是一個明智之舉，然而，每個企業要讓員工每天都樂於到公司上班，同樣也必須提供一個最具創造力，最有生產力，充滿挑戰的環境，讓每個員工都能在這樣的環境裏，快速學習別人的經驗，以迅速解決工作上的問題。

如果公司讓員工覺得每天上班的環境，是一個充滿爾虞我詐的鬥爭環境，員工就會向前述故事中那位不願到教堂做禮拜的教友一樣，不喜歡到公司上班。

#管理盲點44：在員工不喜歡的工作環境，激發員工的工作熱情

一般的管理者總是會告誡員工，必須自己去適應工作環境，而不是讓工作環境來適應自己，但問題是一個人在自己不喜歡的工作環境當中，是很難激發對工作的熱情。

45、容許部屬質疑自己的意見

#不要管太寬：讓自己具備容納部屬異見的胸襟

每一個「管太寬」的管理者都會對部屬當眾「打臉」自己意見，給自己難堪，感到非常不舒服，但是，如果部屬當眾「打臉」自己意見之後，可以提出比自己更好的「異見」，那麼身為管理者的你，就必須要擁有被部屬「打臉」的胸襟。

有一群小雞正聚集在雜草叢周邊，歡樂地一邊玩耍、一邊覓食，但是，其中有一隻小雞在一旁落單。

這時，在這群小雞當中的帶頭小雞就對那隻落單小雞說：「喂！過來跟我們一起玩吧，為什麼自己單獨在一邊呢？」

「我就是喜歡這樣，有礙著你們什麼地方嗎？」那隻落單小雞有點不高興地說。

「欸！你怎麼這麼不合群，真的很難相處。」帶頭小雞說。

所有的小雞聽了帶頭小雞所說的話，紛紛附和，異口同聲地數落落單小雞，但這隻落單小雞仍然我行我素、無動於衷。這時，有隻黃鼠狼悄悄的從樹林潛到這群小雞的背後，由於大家都在說說笑笑，並沒有察覺到黃鼠狼的出現。

當黃鼠狼正準備往這群小雞撲過去的瞬間，這隻落單的小雞正好看見，於是，大聲叫喊：「大家趕快逃命……黃鼠狼來了……」聚在一起的那群小雞立刻聞聲逃走，最後這隻特立獨行的落單小雞救了大家一命。

通常，我們都會像前述故事中的那群小雞，無法容忍特立獨行的人，總認為別人不跟自己一起行動就是「怪咖」，就是「難相處」；相同的道理，我們也同樣無法容納別人特立獨行的觀點，也就是只要別人的認知跟自己的不一樣，就認為別人在挑戰自己的觀點，因此，容納別人特立獨行的觀點，並不是一件容易的事，首先必須要具備容納諫言的胸襟。

管理便利貼

鼓勵下屬對自己的職業生涯有一個長遠的設計，甚至在必要時，幫助他們制定自己的職涯計畫，即使他們的職涯計畫與公司發展的關係並不密切。

「官大學問大」是目前不論在官場或是職場的主管都會有的毛病，有些企業的老闆，總認為自己是對的，容不得部屬的意見，總認為部屬只要質疑自己的意見，就是在挑戰自己的權威，因此往往只要自己決定的事情，就會一意孤行，硬幹到底，結果掉進失敗的深淵而不能自拔。

其實，一個高明的管理者，除了具備容納下屬意見的胸襟之外，另外，還必須懂得打造一個讓部屬暢所欲言的環境，譬如給下屬更多的機會出席重要的會議，並鼓勵他們在會議上表達意見，以及在會議的最後表達你贊同對他們所提的好意見或建議。

另外，對當場反駁自己意見的員工不但不記恨，還要公開表揚他們，在開會或者其他集體場合，必須由衷地讚揚表現良好的下屬，而且必須切記「讚揚」並不是敷衍了事，而是根據具體的事情來說話，以讓大家都信服；對於表現出色的員工，鼓勵他們分享榮耀與成就，而不能剝奪他們在這方面的權利。

如此一來，部屬才會願意，以及無所顧忌地在主管的面前，提出一些對提升公司績效有建設性的看法和建議。

#管理盲點45：對部屬的「小承諾」可以不必去實現？

對部屬的承諾必須記得很清楚，即使這個承諾是一個很小的獎勵，也不能忘記去兌現，否則，部屬就不可能會再相信你所做的任何要獎勵他的承諾。

46、用一起達到共同目標來創造高效率團隊

#不要管太寬：只要引導部門之間，發揮團隊合作的精神

在現代公司的管理中，團隊合作是必須的，一個職能性的組織需要透過團隊合作來實現部門間的協調，因此不要管太寬，只要將心力擺在引導部屬發揮團隊合作的精神，因為，僅僅其中一個部門是不可能對公司的整體績效負完全責任的。

團結互助，截長補短，朝著一個共同的目標打拚努力，直到成功，這就是團隊合作的力量。

一隻鴨子和一隻小雞在河邊的小山坡覓食，小雞因為有鋒利的爪子，所以很輕鬆地從山坡上面的草地裏面挖出小蟲子來吃，而由於鴨子的腳是扁平的，所以廢了好大的勁也無法從草地裏挖出一隻蟲子來，於是，牠越挖越是心急……

小雞見了，連忙走過來安慰鴨子：「鴨老哥，別心慌，讓小弟我來幫你服務。」說著，小雞用牠鋒利的爪子「唰唰」兩下，扒開一小片泥土，隨即扒出了許多隻小蟲子，然後牠對鴨子說：

「鴨老哥，請慢慢享用吧！」「雞老弟，謝謝你的蟲子，你對我真的是太好了，我都不知道該怎樣感謝你的這份大恩大德。」鴨子感動地說。

「我們是好兄弟，你有困難，我本來就應該幫助你。」小雞說。

過了幾天，小雞和鴨子一起到河邊玩耍，小雞一個不小心從河邊的石頭上滑到河裏去了，由於小雞不會游泳，在河裏掙扎著大喊救命，鴨子見了連忙下河游到小雞身邊，牠對小雞說：「雞老弟，不要怕，老哥我來救你，你踩在我的背上，我揹著你游到河邊。」於是，鴨子把小雞安全地救上了河邊。

小雞非常感謝鴨子，牠對鴨子說：「鴨老哥，你救了我的性命，我該怎樣感謝你呢？」

鴨子說：「我們一起住在河邊過生活，本來就應該互相幫助，你說是嗎？」

小雞點了點頭，說道：「鴨老哥，所言甚是，從此之後，你三餐吃的蟲子，全部包在小弟我的身上……」

管理便利貼

透過兩個部門之間的組織文化，可以創造一種高度和諧、友善、親切、融洽的氛圍，使公司成為密切合作的團隊。

團隊的合作促進了管理和領導，它如果能很快地加以實施，對大家而言，可以節省彼此溝通和磨合的時間。

因為，當每個相關人員都參加會議的時候，可以在會議中透過協調溝通，處理許多事情。

值得一提的是，公司內部的團隊合作經常是結構明確的，團隊有領導、角色、目標、責任、日程安排，期限等等特徵，因此，透過團隊合作，人人都是領導者，都是重大決策的參與者，也都是決策的執行者。但關於團隊合作，有一個值得注意的問題，那就是一般傳統的管理，較多地表現為監製、監控、命令、指示，在一定程度上束縛了人的個性和創造才能，而以人為本，順應人性，尊重人格的團隊合作，將會大大激發每個成員的主動精神，不再是被動地在規制束縛下工作，而是自覺地完成自己應當做的事情。

因此透過團隊合作，每個成員的知識更加豐富，獲取資訊和處理資訊的能力大大提高，並且在順應形勢、順應社會經濟運行的自然法則，塑造更為科學有效的組織機制，必將大大增強組織的自我調節功能，保證組織協調、有序、高效地運行。

#管理盲點46：認為部門之間必須存在著競爭關係

團隊合作是否有利於生產的問題上，答案是肯定的，而且，團隊合作可以打破部門之間的競爭關係，以及有效地激發部門創造績效的動力。

47、拆除主管與部屬之間溝通的圍牆

#不要管太寬：才能直接去傾聽第一線部屬的問題

過多的代溝和界限分明的層級，是破壞企業上級與下級溝通交流的殺手，是扼殺員工創新精神的大敵，因此不要管太寬，才能跟部屬做有效溝通。

一九九七年秋天，「通用電氣」首席執行長傑克．威爾許在克羅頓維爾對一組基層主管的講話中，解釋說：「『無界限』規範指導我們怎樣去行動，讓我們很自然地相互幫助，公開的交談，現在你可以爭論一些事情，而十年前，你不會讓我們瞭解你的想法，在此之前，如果你有想法，也只是自己知道。」

威爾許的「無界限」觀點長久地吸引著保羅．弗里斯科和「通用電氣」執行委員會副主席和執行官。甚至當威爾許在八〇年代初期，開始使用「開放」這個名詞來描述無界限概念時，弗里斯科就感到威爾許正在做一件非常有意義的事情，他希望每個人都高興地參與其中。

弗里斯科說：「他相信那概念是威爾許所提倡的：面對實際，借鑒其他優秀案例，反對官僚作風，消除所謂神聖的教條……威爾許所提倡的『你能挑戰任何事情』，這股清新的風終於颳起來了，這是我所發現最令人興奮的事情。」

在傑克．威爾許所有的經營戰略中，對他而言，沒有什麼比「無界限」更重要的了，他知道這是一個使用起來很不方便的術語，但是它很快地總結出他在「通用電氣」一直追尋的理念，並且可能是與「通用電氣」的首席執行長聯繫最緊密的術語。

「無界限」對於九〇年代後期的「通用」有什麼意義？通用金融服務公司的管理者觀察到：「『無界限』讓『通用』行動有如小公司一般，而對威爾許的意義是，我們都同在這個事業中，彼此分享和合作，並不只是做好自己份內的事，回家後，就什麼都不管了。」

管理便利貼

在公司裏，你可以發現員工們常覺得自己無足輕重，但是威爾許的「無界限」鼓勵每一個人都能，也必須和其他人一起合作。

「通用電氣」在一九八六年開始行政主管會議後，高階主管便開始加入「拆除圍牆」的行動，也就是「通用電氣」所有的人員直接而不拘形式地對談、向他人學習、採納別人的「最佳作業方法」為己所用。

但威爾許剷除「通用電氣」的「圍牆」最積極的作法，是在一九九〇年時，展開的全公司大規模的行動，叫做「合力促進」計畫。威爾許在一九九六年時，指出藉由「合力促進」計畫找出NIH（不是這裡發明的）症候群，再加以根除，因而消除了「通用」內部的「島國現象」，經由「合力促進」計畫，「通用」開始有系統地向全球最佳的公司伸出觸角，探索更好的行事方法，奠定了「通用」學習文化的基礎，而這是威爾許在九〇年代後期強調的另一個重要企業策略。

而「合力促進」這個策略最初被用來消除「通用」內部界限，威爾許感到「合力促進」這個活動透過加強與顧客和供應商的聯繫，也有助於消除公司的外部界限。

威爾許說：「今天，我們絕不會有意雇用某一個不會，或不可能接受『無界限』這種規範員工。」發展「無界限」的好學精神是「合力促進」計畫最重要的成果，這種文化規範了「通用」員工的行為準則。

總之，「無界限」對威爾許來說，表明「通用電氣」是一個開放的、自由的、不拘泥於陳規的公司，在那裡員工能夠迅速，且容易地調換工作職位，他們能夠盡可能迅速地、有效率地與外部世界接觸。

#管理盲點47：下屬有問題必須逐級回報，不能直接越級報告

假如你是一個年輕人，加入了一個傳統公司，你將服從於你所遇到的官僚機構的自大和傲慢，這在任何公司都是如此，而威爾許在「通用電氣」所提倡的「無界限」就是要消除官僚機構的自大和傲慢的歪風。

48、讓員工有自己做主的權力

#不要管太寬：給員工充分的自主權

管理者應首先堅持「以人為本」的觀念，在不要管太寬的情況下，建立起讓每一位員工都有機會施展才能的激勵機制，努力營造尊重、和諧、愉快、進取的氛圍，以激發員工的工作熱情、想像力和創造力。

在企業管理中，重視人的主觀意識和自主權力的管理方法一直在探索和實踐著，但由於工業經濟時代，人的觀念、生產方式、技術條件、市場需求特點等等的局限，限制了這種管理的真正實現。

美國的3M公司通常被大家當成是重視員工自主權力的範本，因為3M公司的成功，主要歸功於強調自主權力，以及把企業內萌發的、不斷成熟的想法轉變成高質量，且能獲利產品的管理方式。

3M公司的員工指出，公司之所以能採用這種管理方式，完全是因為前董事長威廉・麥克奈特對大家的信任，他在員工一開始工作時就給他們一定的自主權，而這種做法現在仍在沿用，值得一提的是，現在這種做法被大家說成是給青年企業家的機會，以使他們在吸取經驗教訓的過程中走向成功。

麥克奈特回顧他在3M公司的經歷，最後說：「假如我們沒有獨立自主的意識和對工作的使命感，就會失掉一些可貴的東西，為獲得更大的進步，為了繼續給美國乃至全世界提供服務，我們需要對那些為獲取成功，而獨立自主行事的人，有一種正確的認識。」

透過研究威廉・麥克奈特的領導方式和他對事物的看法，我們可以清楚地知道，他是信任每一個人的，他把每一個人都看做是寶貴的資源，他把畢生心血都用在發掘員工、客戶和供應商的潛能上，也許正因為他完全相信大家有潛在能力，他才如此重視大家的創造精神和獨立自主精神。

譬如，麥克奈特在談到代表性和創造性時說：「隨著業務的不斷擴大，應該讓大家代表公司行使權力，因此，鼓勵公司的每一個人發揮其創造性也就變得越來越重要了，也就是受大家囑託來擔負責任，以及行使權力的那些優秀的人，會按照他們自己的方式進行工作。」

看來，麥克奈特這種先進領導方法的實質，是讓大家最大限度地發揮自己的能力以獲取最大的成功。

管理便利貼

強調員工的自主權力，是企業形成自己獨特優勢的保證，而這一點也正是無數優秀企業的成功之路。

剛讀小學的小智，有次放學回家，不小心掉入門前的池塘裏，他爸爸見了立刻跳下池塘去把他救了上來，並對小智說：「不用怕，有爸爸在！」

一個禮拜後，小智又掉進池塘裏，他爸爸又跳下去把他救了上來。這時，許多鄰居都勸他教小智游泳才是一個避免這種落水意外的最好方法，可是這個爸爸卻說：「不用那麼麻煩，我會游泳就夠了，他落水，我來救他就可以了。」

豈知，小智第三次又掉進了池塘裏，由於他爸爸剛好不在家，池塘旁邊又沒人，小智狂喊了幾聲，便在池塘裏溺水死掉了。

處處充當孩子的保護傘，結果反而害了孩子。因為一個人難免會有疏忽，以及照顧不周全的時候，一個明智的父親應該教會孩子游泳，然後讓他自己救自己。

然而，以上這個故事告訴我們，一個卓越的主管不能過度保護員工，而是必須在員工遇到問題時，放手讓員工自己去處理，換言之，就是讓員工有絕對的自主性，以讓他可以用自己的方法去解決遇到的問題。

在知識經濟時代，人的思維方式、價值觀念發生了巨大的變化，人的自主性、個性化、自我價值實現的願望……等等，都得到充分的尊重和鼓勵，而這些都促使企業在管理中讓員工擁有更多的自主權力。

#管理盲點48：希望員工可以依照指示做事？

「自主權力」的管理更應注重員工合作精神的培養，讓擁有自主權力和注重團隊精神相輔相成，互相促進。

49、充分授權，部屬就沒有卸責的藉口

#不要管太寬：只要對部屬充分授權

傳統的鐵腕型總經理，不可能營造一個團結一致的實幹型管理團隊，因為，他們習慣於高高在上的領導，最後導致沒有命令就不會主動去做的結果，因此不要管太寬，才不會讓部屬有不主動去執行工作的藉口。

如果一個企業存在著一個實幹型的管理團隊，那麼需不需要一個實幹型的總經理呢？這取決於企業對「實幹主義」意義的認知。

就以克魯普公司來說，它是一個擁有六個業務部門、七千名員工和兩百四十億馬克總資產的德國大型公司，公司經營項目包括鋼鐵、工程以及汽車配件。

在一九九二年，克魯普公司收購了相對弱小的競爭對手－赫世公司。在收購之前，克魯普是一家歷史悠久，但是發展緩慢的公司，在遭受九〇年代初期鋼鐵市場疲軟打擊的同時，公司的管

理封閉落後，握有實權的部門經理使得管理階層無法瞭解生產經營的細節問題，導致業績下滑和官僚管理的雙重打擊，使得公司遭受巨大損失。

克魯普合併赫世公司之後，成立了管理委員會，一共包括五名成員，其中四名來自克魯普公司，一名來自赫世公司，委員會開始運作後，開始推動一連串的改革工作。當時委員會一共進行兩百四十多個不同項目的改革，包括公司重組、制度改良、客戶服務、企業合作以及國際化發展……等等。

同時公司開始重新定位六個子公司，裁員百分之二十的員工，每年節省大約五億馬克的成本。

然而，對於這個委員會而言，「實幹主義」是必不可少的。管理委員會總監督厄里．米德曼負責實施集團的內部決議；主任吉哈德．克盧姆是委員會與德國以及全球經濟和政治的聯接樞紐；負責人力資源的約根．盧森伯格與工會有著多年的關係；財務長吉拉德．荷瑟以前是巴伐利亞的一名政客，現在他負責與德國的中央銀行打交道；而唯一來自於赫世公司的Ｆ．克拉威負責六個子公司的組織發展，在這場扭轉克魯普頹勢的戰局中，五個人各自扮演的角色發揮了重要的作用。

管理便利貼

簡單的說，實幹型總經理的主要責任是鼓勵高階主管之間的互動性，那麼怎樣完成這樣的任務呢？答案是減少高階主管的助手，不讓高階主管有任何理由可以袖手旁觀。

此外，為了長期的業務需求，管理委員會的主要成員同時承擔著多項責任。譬如，荷瑟也負責市場和銷售，米德曼另外負責技術與產品革新，約根．盧森伯格和F．克拉威也承擔著同樣地區和部門之間溝通的職責，而克盧姆、米德曼和荷瑟分別同時負責北美、歐洲和亞洲地區的工作。

管理委員會成員的辦公室都位於克魯普公司總部的同一層，使得成員之間能夠面對面地進行互動式的交流，不論外部還是內部會議，委員會的全體出席已經成為一種日常習慣。比如，在合併以後，他們結伴對於公司的兩百四十個專案小組訪問了至少兩次，而且在訪問之後，他們不僅在集團內部分享收穫，而且也向外傳遞資訊，即公司的管理層能夠做到相互理解，並且擁有共同的目標。

在過去的克魯普公司，高階經理扮演著傳統部門或者地區官員的角色，公司的各個部分不是相互加強，而是互相拆臺，現在公司的五個集團將經營工作在內部分攤，他們能夠將不同意見公開在公司討論，並相互監督是否具備足夠的業務知識以發展工作……總之，他們根據來自外部員工，以及內部不同責任區域的反饋意見，不斷監督反思著企業的經營道路。

#管理盲點49：總認為「爭功諉過」才能坐穩主管的位子

一些企業的管理者，成功了，便邀功領賞，失敗了，便推諉責任，這是妨礙企業成長的大敵，改變這樣狀況的關鍵就是讓其承擔責任，清除掉所有他可能推卸責任的藉口，讓他除了實幹一條路之外，沒有其他任何選擇。

第八章

不要管太寬：就不會一味地控制部屬工作進度

每個部屬每天把三分之一以上的時間奉獻給工作，因此，身為主管的你，唯一要做的就是不要管太寬，也就是不要一直緊盯著部屬的工作進度，只要引導部屬去瞭解自己的工作進度即可。

50、管理層級越多，官僚主義作風越盛

#不要管太寬：盡量簡化有官僚氣息的管理層級

在官僚體制的前提下，大公司中想控制事務、控制基層的主管人滿為患。因此，減少管理層級是管理者最困難的工作，如果你希望成為一個表現優異的企業管理者，就不要管太寬，然後，毅然決然地裁掉那些有官僚氣息的管理層級，這才是優秀的管理者必須做的事。

創建於一九三八年的韓國三星集團，是韓國最大的壟斷集團之一，所屬的公司涉及到貿易、金融、電子、造船、重工、化工等領域。三星由創立時一個小商會發展成今日韓國經濟的巨人，固然與創辦人李秉哲的努力分不開，但真正把三星塑造成重量級的經濟巨人，還是後來被董事長李健熙重用，授權他可以「為所欲為」的三星集團總經理尹鍾龍。

二〇〇〇年二月，美國《財富》雜誌將一九九九年度亞洲商業人物的桂冠授予了尹鍾龍。《財富》雜誌在當年對這位五十六歲的三星電子公司的總經理的評價是：「富於創造，神勇過人

的總經理，一方面削減管理費用及官僚主義，一方面迅速引入一系列具有創新性的高技術產品，讓病入膏肓的三星電子起死回生。」

尹鍾龍直言不諱地表示：「我常常對例行公事厭倦透頂，總是尋找新的思維以及工作方式。」

因此，尹鍾龍接任總經理之後，致力於革除公司的官僚文化，他拒絕閱讀長篇報告，以及主持沒完沒了的會議。他將時間花在視察工廠和銷售部門上，然後提出問題，並且傾聽各個階層員公所發表的意見，由此深入公司各個環節。而且，他在頻繁的出國訪問中，還堅持與當地經銷商會晤，以瞭解當地市場如何看待三星產品，獲取第一手資料。

管理便利貼

在現代的企業管理中，官僚主義的危害性是十分大的，它不僅延緩決策時機，也扼殺公司的競爭精神。

而且，尹鍾龍為了掃除三星電子等級森嚴的官僚體制，特地架設了一台熱線，鼓勵員工們對總經理發牢騷、提意見，並對員工在熱線所發的牢騷和所提的意見，一律嚴格保密。

另外，尹鍾龍經常在抨擊對部屬的官僚思維時，說道：「難道我是個小學生嗎？為什麼你們總是堅持撰寫長篇大論的報告，彙報起來耗時過長，而那些事情明明只要通個電話，或者發個電子郵件就能解決。」

尹鍾龍認為減少了管理層級、管理者的表現，會清楚地表現出來，不必花更多的時間在無窮無盡的審查、認可、打通關節及檔案上，因此，只做重要的事，公司的人可以自由地把自己的精力和注意力放在市場上，而不是和官僚體制對抗。

然而，說到官僚主義，以下這個寓言故事，可說是對目前的官僚主義做了最佳的詮釋。

一頭公牛在田間辛苦地耕作，由於泥土又潮濕又堅硬，公牛使出全身的力氣緩緩地拖著犁。由於不堪重負，犁便吱吱呀呀地叫出了聲。公牛聽見聲音，回過頭來對犁說：「從頭到尾都是我在出力，應該出聲抱怨的人是我，而不是你，你沒有資格，」

上述寓言故事中的牛負擔最重，受累最多卻默默無聞，而吃了一點苦的犁，卻大聲叫個不停，生怕別人不知道，二者形成了鮮明的對比。

而這個故事告訴我們，真正值得稱道是拉車的牛，而沒幹多少活就只會擺架子，一副好大喜功的「犁」，則是「官僚主義」最典型的代表人物。

#管理盲點50：認為層層節制，才能鞏固管理者的權力

沒有官僚體制的囉囉嗦嗦，公司能更好地溝通，也就是參與的人比較少，通常也就更容易達成共識，而且也能促使公司的行動更快，因為他們清楚在市場上，猶豫不決必須付出的代價。

51、用瞭解部屬工作難度來代替控制部屬工作進度

#不要管太寬：才能瞭解部屬工作，而不是控制部屬工作

每個部屬每天把三分之一以上的時間奉獻給工作，因此，身為主管的你，唯一要做的就是不要管太寬，也就是不要一直緊盯著部屬的工作進度，只要引導部屬去瞭解自己的工作進度即可。

眾所皆知，比爾．蓋茲創建的微軟公司上下遍布著優秀的管理人員，他們雖非完美無缺，但無論如何都遠遠超過其他許多公司的平均水準。原因很簡單，想做一個微軟的管理人員，主要條件就是要具備某一領域的專業技術知識，與此相比，管理技巧和為人技巧只是微軟第二位的考慮因素。

有一次微軟的一個副總裁，應《商業週刊》資深記者詹森的邀請，和詹森一起針對某項專案當中一些主要問題進行了討論，每當詹森談到一個問題時，他都能馬上添枝加葉詳細敘述，顯示

出對專案所有細節的透徹瞭解。

另外，在微軟擔任軟體程式的管理者都是程式工程師，他們絕不是槍抵在腦袋才能寫程式的人，幾乎每個人都是極其出色的程式工程師，包括比爾・蓋茲本人。

微軟還有一點很關鍵，那就是管理者們完全清楚向他做彙報的人的工作，幾乎毫無例外，以微軟這個副總裁為標準，比較一下其他中型或大型企業裏，那些對情況一無所知的管理者，他們對下面發生的事情並不真正關心。

換言之，微軟的管理者們都能夠承擔部門每一個人的核心工作，譬如行銷小組的管理者都是由優秀的行銷人員出任，而促銷小組的管理者則是出色的業務人員，例如Scott Oki是微軟創業時期的銷售副總裁，他在全公司最佳銷售員中恐怕能名列第一，同時他還是一名非常優秀的管理者。

管理便利貼

管理者如果不會做具體工作的話，又怎麼能夠為這些工作制定決策呢？而他們的決策依據在哪裡？決策自然應該來自最精通工作的主管，換言之，所有的主管都是對問題抓得最精準的那個人。

值得一提的是，管理者需要具備很強的技術或其他相關的專業知識，同時也必須徹底的瞭解下屬的工作，一個管理者如果不瞭解下屬的工作，那他就無法有效地管理他們，因為所有有能力的部屬，不可能會重視外行主管的工作觀點。

換句話說，工作能力強的部屬，對不懂工作要領的管理者，不會表現出太多的尊重。

另外，管理者必須真正明白下屬工作狀況，而不是一味地想要控制，因為管理者如果自己不懂的話，就會一直被蒙在骨子裏，總之，必須做一個瞭解部屬工作的管理者，而不是做一個喜歡管太寬，一味地控制部屬工作的管理者。

而這個原則被運用於公司上下，甚至包括比爾·蓋茲也必須真正明白下屬的工作狀況，因此，他是一名優秀的程式設計師和行銷人員，同樣重要的是，他主要的專業領域是寫程式，而微軟的核心產品皆源於此。

換言之，這正是微軟之所以興旺發達的原因，也就是微軟的管理階層都具備瞭解部屬工作的本領，讓微軟能夠在軟體的領域中打贏每一場戰役。

#管理盲點51：用職務的階級來領導部屬？

大多數公司的管理效率都不高，因為管理人員普遍不稱職，不稱職的深層原因就是不懂工作要領，只會用職務的階級來管理部屬。

因此，在企業管理的行為上，只是流於形式而已，而且，其中有很多效率不高，最終慘遭淘汰，總之，沒有真本事的管理行為，並不能奏效。

52、授權和控制之間，必須取得平衡

雖說，適當的授權，不要管太寬，可以讓員工在執行工作的時候，不會綁手綁腳，以及能夠讓員工更有效地發揮他們的執行力，但是，管理者在授權給員工的同時，必須做好控制所授權力的管理機制。

#不要管太寬：只要做好控制授權的管理機制

有個剛剛登基的國王，為了治理好這個國家，便昭告天下，廣招天下賢能志士，進入他主政的朝廷服務，適時地向他提供建言和治國的方略，以協助他有效治理這個國家，讓百姓可以過更好的生活。

由於國王廣納賢才，禮賢下士，並且能夠適才適用，不久這個國家就被他治理得井井有序，百姓都能安居樂業，全國上下呈現一片歌舞昇平的繁榮景象。

五年後，國王見到他的國家已經國富民安、風調雨順，於是就把治理國家的重任放心地交給大臣們，而國王自己卻終日飲酒作樂，不理朝政。因為，他堅信自己在之前打下的施政基礎和這些年來所建立的治國制度，就算沒有他，大臣們也能依照制度把國家治理好，因此，他對大臣們在朝廷所做的任何治國決策，從來不過問。

有一天，這個國王和大臣們在宴會大廳，正酒熱耳酣之際，突然聽到外面殺聲震天，只見一群手執利器的兵卒衝進了宴會廳，當場活捉了國王，而其他的大臣們死的死，逃的逃，投降的投降。

當國王清醒過來，發現反叛的就是他最為器重的大將軍時，便問他，這些年來我待你不薄，為什麼要這樣做？

「因為我想當國王，不想當你的臣子。」大將軍回答。

「你難道不知道這樣做，是一種叛變的行為，會被殺頭的，而且，甚至會被誅滅九族嗎？」國王有點動怒地對大將軍說。

「哈哈！我就是要搞叛變，你能對我怎麼樣？現在所有的將士都只聽我的，而不聽你的，你就乖乖地把國王的位子讓給我吧！」大將軍用狂妄的語氣說。

國王一聽，頓時傻了眼，卻也無可奈何地搖頭說：「我當初怎麼就沒想到控制一下你手上的兵權呢？」

管理便利貼

優秀的主管能夠不斷地幫助自己的員工去發揮潛能，然而，為了發揮這種潛能，優秀的主管必須在許多決策問題上放棄控制，不要管太寬，放手給低階的員工獨立工作。

高效率的經理們要將權力下放給自己的員工，因為他們相信人們內在的革新和增值潛力，譬如美國沃爾瑪的銷售人員之所以能夠提供一流的消費者服務，是因為他們經過了嚴格的挑選和培訓，能夠以一種企業家精神展開工作，同時他們具有針對每一個消費者的具體需求，而制定服務的自由和動機。

但是，高階主管下放權力給部屬，也必須要有一定的限度和建立控制部屬濫用權力的機制，因為失去控制的權力是危險的，就像前述故事中的國王一樣，因為沒有控制他下放給部屬的權力，最後導致自己最器重的大將軍搞叛變，因此將江山拱手讓人。

在公司中，部門的主管們可以透過非正規的方式做到控制「下放權力」這一點，譬如和部屬共進午餐，或是一起旅行的時候，他們可以宣傳公司的核心價值和使命，遊戲的規則以及當前的目標，以讓部屬們能夠更謹慎地使用你下放給他們的權力。

#管理盲點52：既然授權給部屬，就必須相信部屬？

隨著公司規模的擴大，組織的鬆散化以及地域的分散，高階主管們不再能夠不斷接觸所有能夠發現新問題，以及他們下放權力的員工，因此，相互交流的指導原則與控制權力的管理機制，就變得異常重要。

53、截長補短是所有兼併的重點

#不要管太寬：才能徹底掌握兼併的要領

一個成功的兼併案，往往是自己兼併公司的業務，可以補強母公司的不足之處，也就是只要符合這個原則，一個懂得不要管太寬的管理者，就不會去管兩家公司的企業文化是否相容？

聯邦快遞公司首創了隔夜快遞業務，成功地佔領國際航空貨運市場，使其公司以驚人的速度快速發展，而聯邦快遞公司之所以有能力開發「隔夜快遞業務」，主要是因為它成功地兼併了飛虎國際公司，補強了自己沒有航空權和機場起降權的弱點。

第二次世界大戰後，由幾個美軍飛行員創辦的「飛虎國際公司」擁有六百五十五名員工，年度營業收入達十四億美元，到一九八八年，已經擁有十一架波音七四七型飛機、兩架波音七二七型飛機，和六架DC-8型飛機，是世界上重量貨物運送的大公司，由於其承接的業務量很多，利潤也十分豐厚，一直是美國最有實力的貨運公司之一。

但是，聯邦快遞的創始人也是老闆弗里德，在一九八九年宣布收購原本是聯邦快遞公司最大競爭對手，比聯邦快遞早二十年進入航空貨運領域的飛虎國際公司。弗里德是一個敢於冒險的企業家，他對自己有十分充足的信心，他認為想要迅速實現聯邦快遞公司的國際化，買下飛虎航空公司是唯一有效的途徑，而且，聯邦快遞收購飛虎公司最大的好處，在於能夠得到飛虎航空貨運公司過去四十年中，煞費苦心建立起來的國際航線，因此，他堅信這次收購能使聯邦快遞公司成為卓越的國際航空貨運公司。

管理便利貼

兼併公司的重點應該擺在兩家公司的業務整合，而不是人事上的調整，而且，為了盡快發揮兼併的效果，盡可能不要去調整被兼併公司的人事。

當時，被聯邦快遞收購之前的飛虎公司在航空貨運市場空前激烈的競爭中，並沒有改變那種行業老大的作風，公司管理中的各種問題日益嚴重，財務開發毫無節制，機械設備日趨老化，員工們也形成了養尊處優的不良習慣，他們在勢力強大的工會領導下不斷要求加薪。

也許正是因為這個原因，美國企業界諸多人士以及眾多的管理顧問對弗里德收購飛虎並不看好，他們認為飛虎公司是一個傳統勢力很大，因循守舊的公司，而聯邦快遞公司卻是一個充滿創新精神的公司，也就是聯邦公司的狂熱事業心和不受傳統約束態度，與飛虎公司作風老大，養尊處優的態度形成鮮明對照。

因此很多人認為聯邦快遞與飛虎的合併是行不通的，有些分析專家對弗里德不惜為一個困難重重、問題成山的企業，而使現有企業遭受風險提出疑問，他們甚至懷疑弗里德的頭腦是否清醒，但弗里德認為，有高效管理聯邦快遞公司的經驗，是一部現成的管理教科書，因此，他一點都不擔心收購飛虎公司之後的管理。

因為在弗里德看來，飛虎公司擁有的航空權和機場起降權並不是隨時可以花錢買到的，而這才是他收購飛虎公司的主要目的，也就是收購飛虎國際公司以後，聯邦快遞公司再也不像以前那樣，因為沒有著陸權，而把許多國家的業務交給其他航空公司，可以直接在這些航線上使用自己的飛機運輸貨物，從而為聯邦快遞公司大大改善海外營業狀況提供了重要條件。

#管理盲點53：以「財務」來做為是否「兼併」的判斷?

過去一些兼併失敗案例充分地告誡我們，兼併公司與被兼併公司雙方的投資者和管理者，以及提供資金的銀行家，如果對兼併僅僅從財務上進行判斷，而不用業務原則來判斷，那麼他們不久就會嘗到苦果。

54、如何面對各自盤算利益的部屬

#不要管太寬：才能讓部屬不會一味地盤算個人利益

「人不自私、天誅地滅。」每個部屬在執行工作的過程中，通常會各自盤算自己的個人利益，而這種為私利盤算的念頭並不是管理者一句「以公司利益為重」就能打消的，而一個懂得「不要管太寬」的管理者，面對各自盤算個人利益的部屬，往往會引導部屬從個人利益考量和公司整體利益之間取得平衡。

在一家大型公司中，高階主管們總是擁有自己獨立的職權和權威基礎，因而衍生出觀點的分歧、意見的相左，以及利益衝突的情形，不可能奇蹟般地消失，而且也不應當消失。此時，他們應當發現，並且妥善處理在個人責任和團隊目標之間的潛在衝突，以及必須學習新的管理角色，來面對新的責任挑戰，即便對於那些不屬於自己直接管轄範圍的業務也同樣如此。

那麼一個運作良好的高階主管集團，應該如何處理所面對的問題呢？首先他們能夠意識到，制度改進過程必將暴露一個公司內部的權力裂縫，而這個權力裂縫的大小，勢必成為主宰公司成敗的關鍵。

某家企業集團決定投下鉅資興建一家專門從事半導體晶圓製造生產的工廠，工廠建成開始運作後，派誰去管理這家工廠，就成了企業CEO的首要問題。

為了確保工廠能為企業創造高盈利，企業集團的CEO決定由企業內部五名表現最為優異的高階主管組成領導團隊去經營這家工廠，但最後的結果非但沒能讓工廠盈利，反而出現了嚴重地虧損，究竟問題是出在哪裡呢？

原來問題就出在這五名高階主管對於個人利益的執著，以及顧忌別人表現會影響自己的績效，因此忽略了一些只有團隊合作，才能夠解決的重要問題，最終影響了公司的整體利益。

從以上這個案例可以得知，即便是出於最理想的目標，任何大型企業的高階主管們也很難類似於團隊一樣有效地集體合作。

管理便利貼

關於如何承擔變革過程中的成本，以及如何分配利益，必須能夠意識到，最大管理衝突的根源，往往是團隊人員的組成問題。

從理論上來講，每個高階主管都希望盡最大努力為企業打拚，然而，從實際操作來看，在現實中卻存在各式各樣的強大力量使得他們無法這樣做。為什麼呢？首先，高階管理階層中的每個成員關於公司業務都具有不同的立場和觀點，譬如負責採購業務的副總裁、亞洲地區總經理，以及負責各個利潤產品的集團管理者，都會有自己不同的考量，想讓他們超越自己的眼界和既得利益，建立關於業務經營的共同理解是相對困難的。

除此之外，高階主管們面對壓力通常的反應是關注個人利益的行為，表現得如同從皇帝那裡爭奪恩惠的封疆大吏一樣，在敏感意識到面對面衝突的殘酷可能之後，他們在保護自己疆土的同時，避免攻擊他人的領域，其結果是一些主要的管理問題無人關心。

總之，高階主管們往往存在利益上的衝突，不論他們多麼希望能夠協調配合，總是在相互競爭，競爭資源以及爭取老闆賞識的情況下，各有各的盤算和利益考量，而在最終說穿了，就是為了幫自己爭奪一個更高的職位。

#管理盲點54：不想釋出得力幹部，去支援其他部門

雖然部門經理個人不願意因為跨部門團隊的組成，而犧牲自己的得力幹將，但是透過這樣的做法，他們可以得到的是整體團隊發揮效率的增值效應，因此，為了公司整體營運，必須在跨部門的合作之中，放下個人的利益考量，全力以赴。

55、想做好工作，必須「動手」而不是「動口」

#不要管太寬：只要引導員工親自動手去做

有句話說：「君子動口不動手。」但是，想讓員工「做好」份內的工作，卻必須讓員工「多動手，少動口」，因此，一個懂得不要管太寬的管理者，往往會在無形中讓員工知道，所有的工作是用「雙手」做出來的，而不是用「嘴巴」說出來的。

從小就機智過人的一休和尚，經常會教導別人做人做事的道理，但是有些看他不順眼的人，卻認為他年輕氣盛，太過臭屁。

有一天，有個財大氣粗的土豪向一休質問說：「在這個天底下，真的有天堂和地獄嗎？」

「當然有！」一休和尚用淡定的語氣回答。

「可是，聽說不論是地獄或者天堂，在死亡以前，誰也去不了，真的是這樣嗎？」土豪問道。

「沒錯！」一休和尚答道。

「一個人如果生前做了壞事，死後就會下地獄，而所謂極樂淨土，是在距此『十億萬里』的遙遠地方，你認為這句話對嗎？」土豪繼續問道。

「嚴格來說，這句話只對了一半……」一休答道：「其實，地獄和天堂不在遙遠的地方，而是存在於我們眼前的這個世界。」

「不對！你說地獄和天堂都在眼前，但是我怎麼會看不到呢？」土豪說道。「哼！像你這種乳臭未乾的和尚，還是無法瞭解什麼是天堂？什麼是地獄吧？哈哈哈……」

被土豪嘲笑之後的一休和尚氣憤地說：「你看我年輕，好欺負嗎？」

一休語畢，隨手抓起一條繩子，並用繩子勒緊土豪的脖子，然後問道：「怎樣，你感覺如何？」

「哎唷！我快喘不過氣了，我明白了！這是地獄，對，這就是地獄……」土豪痛苦地答道。

於是，一休把繩子解開後，又問他：「現在這個感覺又是什麼狀況呢？」

那個土豪鬆了一口氣，回答說：「現在就像是在極樂淨土的天堂一樣，我明白了，這就是天堂！」

「這下子，你應該同意天堂和地獄就在我們的眼前了吧！」一休說道。

管理便利貼

身為主管的你，必須知道你花了十個小時，幫員工解說工作方法的效果，遠遠比不上讓他實際操作一個小時。

如果你是部門的主管，在對部門的新人做工作上的教育訓練時，切記要「少說多做」，也就是你說的再多工作上的方法，還不如讓這個新人親自按照工作步驟操作一遍，可能比較實際，就像前述故事中的一休和尚喋喋不休地向土豪訴說什麼是天堂和地獄，那個土豪根本無法真正體會他所說的天堂和地獄，但是，當一休和尚轉而用行動來讓土豪親自體會天堂和地獄的滋味，結果不費任何唇舌，就讓土豪深刻地認識到什麼是天堂什麼是地獄，並且心服口服。

「不論做任何事，都不能只是光說不練，最重要的還是必須親自動手去做。」

其實，一個主管最重要的工作，並不是讓員工「做完」你交代給他的工作，而是確實「做好」你交代他給的工作，而讓員工確實「做好」你交代他給的工作，最好的方法就是在員工教育訓練的時候，盡量讓員工親自動手去做，也就是讓員工在親自動手做的過程中，體會出如何將工作「做好」的訣竅。

#管理盲點55：只要上完教育訓練課程，員工就可以將工作做好？

每個員工對如何做好工作的領悟力不同，因此身為主管的你，不能一味地認為所有的員工聽完你講解工作的做法，就可以完全瞭解這個工作的要領，而是必須在講解之後，讓員工親自動手將這個工作從頭到尾實際操做一遍。

56、員工的意見是重要的新知和創意的來源

#不要管太寬：只要鼓勵員工隨時充實新知

隨著知識經濟在世界各個商業領域崛起，人們對知識的關注超過了以往，知識成為經濟的基本資源，以及財富的主要來源，因此一個懂得不要管太寬的管理者，往往會將之前管理部屬的時間用來鼓勵員工具備求知和好學的精神。

現代的企業，創立好學精神至關重要，不但要提倡員工之間相互學習，而且也應向外部學習。然而，真正的好學精神要求在汲取知識的過程，不放過任何一塊可能蘊育著知識的園地。

牛頓被大家看成是好學成癮的人，一顆蘋果從樹上掉到地上是再平常不過的事情，他卻可以站在蘋果樹下呆看幾十分鐘，而且，還有一次，他開始像個精神病患者一樣，對一塊大石頭癡癡地發呆，然後開始用木棒、粗布以及任何他可以想得到的工具，每天在太陽底下企圖將石頭磨平，旁人看了都非常不解和搞不清楚他到底在做什麼？有些人甚至還以為他是不是在發神經？但

牛頓卻不顧旁人異樣的眼光，他花了幾天的時間將石頭磨平、磨圓之後，每天跑到石頭旁，觀察太陽留在石頭上的陰影，並天天做記錄，後來他在石頭上刻上十二個刻度，而這就是人類史上第一個用「時針」來計時的時鐘。

任何事物都有其規律可循，關鍵看你是否能做生活的「有心人」，以及是否能像牛頓一樣具備好學求知的精神，把別人看似平凡的事情加以研究學習，把平凡的事情變得不平凡。然而，在經濟全球化的浪潮中，企業需要最大限度地獲取管理企業的知識，並且利用和開發有用的知識來創造全球的商業價值，進而使知識轉化為財富，而這就成為企業家們不得不面對的挑戰。

管理便利貼

知識已經成為現代企業最重要的資本，而想獲得可以提升企業競爭力的唯一條件，就是不斷學習新知和創新的好學精神。

因此，現代的企業的競爭優勢不再是它的資本、廠房和設備，甚至不是它的一般員工，而是它用來提升競爭力的新知和創意。

然而，渴求新知和創意的管理者，通常忽視了他們自己的員工是一個重要的智慧來源，他們錯誤地認為，關於公司的經營方略，員工是最不具發言權的，但是，通用電氣第八任執行長傑克·威爾許的想法卻恰恰相反，因為他自從接任執行長以來，所做出的決策往往倚重於員工的集體智慧，有時甚至取決於員工向他反應的意見，因此威爾許將員工意見調查，視為開啟「通用電氣」好學精神大門的一把「金鑰匙」，而這也讓「通用電氣」的「員工意見調查」成為相當不同凡響的公司經營案例。

許多公司正處於「通用電氣」早在二十世紀八〇年代初期和中期所經歷過的混亂局面，他們沒有絲毫進行類似「通用電氣」的「員工意見調查」的動力。畢意在裁員盛行的時候，員工們日夜因擔心失業而憂心忡忡，誰還會想到去向員工們徵詢公司經營的得失呢？而且有些企業的執行長，擔心一旦實施此類調查，他們自身難免成為眾矢之的。

但是，「員工意見調查」在傑克·威爾許的「通用電氣」卻完全不一樣，那麼「通用電氣」的「員工意見調查」到底是如何做的呢？自一九九四年以來，每年四月份的第一星期，傑克·威爾許會向「通用電氣」的全體員工發放稱為「首席執行長問卷調查表」，以徵詢員工對公司整體經營策略的意見，威爾許運用此項調查來徵求一般員工對於公司各項政策的接納程度，瞭解公司為貫徹各項政策是否需要增加人員和資金的投入。

威爾許進行「員工問卷調查」的初衷是為了印證他本人的經營思路和創意與公司經營實踐是否一致，以及透過這個問卷調查，可以及時糾正其經營策略。但後來，威爾許逐漸地意識到，這個問卷調查的價值已經不僅限於檢驗和糾正經營策略，它實際上已成為威爾許所熱情推廣「好學精神」的一部分。

#管理盲點56：覺得員工的意見太多，會阻礙企業的進步？

事實證明，員工反應的意見往往是在上位的管理者面對問題的盲點，因此，想讓企業永續發展的管理者，必須學會去傾聽來自基層員工的意見。

國家圖書館出版品預行編目資料

不要管太寬 / 歐陽於著. -- 初版. -- 臺北市 : 種籽文化, 2018.02
面 ; 公分

ISBN 978-986-94675-8-2(平裝)

1.企業領導 2.組織管理

494.2 106024710

小草系列 17

不要管太寬：做好主管必須突破的56個管理盲點

作者 / 歐陽於
發行人 / 鍾文宏
編輯 / 編輯部
美編 / 文荳設計
行政 / 陳金枝

出版者 / 種籽文化事業有限公司
出版登記 / 行政院新聞局局版北市業字第1449號
發行部 / 台北市虎林街46巷35號 1 樓
電話 / 02-27685812-3傳真 / 02-27685811
e-mail / seed3@ms47.hinet.net

印刷 / 久裕印刷事業股份有限公司
製版 / 全印排版科技股份有限公司
總經銷 / 知遠文化事業有限公司
住址 / 新北市深坑區北深路 3 段 155 巷 25 號 5 樓
電話 / 02-26648800 傳真 / 02-26640490
網址：http://www.booknews.com.tw(博訊書網)

出版日期 / 2018年02月 初版一刷
郵政劃撥 / 19221780戶名：種籽文化事業有限公司
◎劃撥金額900(含)元以上者，郵資免費。
◎劃撥金額900元以下者，若訂購一本請外加郵資60元；
劃撥二本以上，請外加80元

定價：230元

種籽文化

種籽文化